用科學方式瞭解
糕點的「為什麼？」

基本麵團、材料的 **231** 個 **Q & A**

監修
辻製菓專門學校

•

共著
中山弘典
木村万紀子

大 境 文 化

觀察、感覺並抱持疑問
以科學角度來解答疑問，就是製作精進糕點的要領

雞蛋、砂糖、麵粉、奶油，只要將這些材料混合，就可以製作出美味的糕點。

製作糕點最有趣的地方，就是將這些材料幻化成原先所無法想像的、全新的形態及風味。

將泡芙麵團及海綿蛋糕麵糊放入烤箱後，靜靜地觀看，就可以發現隨著時間推進，麵團膨脹得越來越大。光是這樣看著麵團的變化，心中的期待也隨之膨脹，感覺欣喜並且興致盎然。

但不知道是什麼原因，在一瞬間惡夢就發生了。「海綿蛋糕麵糊沒有順利地膨脹起來，反而變硬⋯」等等狀況，種種疑問產生並且縈繞不去。當反問這些朋友到底是用什麼方法來製作時，答案總是「就是按照書裡所寫的方法來製作呀⋯」。

再持續地追問發現，確實步驟都是依照書本所寫的方法。只是，即使是相同的步驟，攪打發泡、混拌等，每一個步驟作業完成時的麵糊狀況，明顯地都與書上有相同大的不同。

大部份的原因都是，雞蛋的攪打發泡不足、麵糊混拌過度、過度烘烤等。本書當中，以參考配方的麵糊為例，主要傳達的是能清楚辨識最佳狀態的要領，引導讀者們成功製作就是本書最大的目的。知道完成的目標，並能確實明瞭完成此目標的過程，就可以避免失敗。

在糕點製作上，最重要的就是要好好注意「看著」材料的混合、麵糊麵團的混拌，以及放入烤箱烘烤時麵糊或麵團的變化狀態。雖然是說「看著」，但並不是真的單只是遠遠望著的看，最重要的是要能仔細地觀察。必須用身體的五感，全面性地感受到麵糊或麵團所要傳達給我們的訊息。

並且，為何材料的混拌必須如此依序呢？為什麼在此必須先溫熱麵糊呢？「為什麼必須要這麼做呢？」能夠如此隨時抱持著疑問非常重要。更甚者，像是為什麼會膨脹起來呢？「為什麼必須要那麼做呢？」，思考這些事情並且瞭解其中原因，才是能夠更加進步的要領。

在本書中，由木村万紀子小姐以科學的角度，將疑問以一問一答的Q&A方式爲大家解惑。過去傳承至今的糕點技巧，都是累積前人的成敗經驗所獲得的成果，但延習至今「爲什麼會如此製作」的理由，可藉由科學角度的解釋而讓大家更容易理解。

另外，在標示出麵糊成份比例時，是以何種法則來決定麵糊配方、或是當麵粉和砂糖種類不同時，所製作出的成品會產生什麼樣的差異呢？針對這些問題都有深入的解釋及說明，因此希望能對各位讀者在創作發展自己獨創的點心時，能夠有所幫助。

糕點的製作上，不僅只是技術層面，還必須確實地了解各種材料所擁有的特性。在此爲方便各位讀者活用而特地以製作者的角度，整理出糕點製作的基本知識並集結成冊。

最後，書中想再跟各位分享的是無所畏懼、勇氣十足地邁向成功所付出的努力，正是通往糕點專精之路的最大訣竅。

希望能藉由書中內容，幫助各位讀者在糕點製作領域裡更上層樓。

2009年3月

中山　弘典

用科學方式瞭解糕點的「爲什麼？」
目錄

開始製作糕點之前

[未曾聽說的糕點故事 Q&A]

[製作糕點的器具 Q&A]

糕點製作的爲什麼？

CHAPTER 1
全蛋打發法海綿蛋糕

認識糕點製作的素材

CHAPTER 6
膨脹劑・凝固劑・香料・著色劑

範例

＊「糕點　製作方法的爲什麼？」47～212頁添加在 Ⓠ 上的 ★ 符號，是標示出技術上的難易度，★ 越多就表示是更困難的技巧解說。★ 的數量多寡從1個最多至3個。

＊ →○頁，或是參考 🖼️ (圖示會隨著CHAPTER而改變)頁數標示時,也就是請參照○頁的意思。

＊ STEP UP 當中，在各個 Ⓐ 中會有更詳細的解說。

＊ 本書的麵糊或麵團及奶油餡等的狀態比較，是以各CHAPTER最初參考配方爲標準進行解說，再加以對照。

＊ 內文中，標記砂糖時，若無特殊註明，都是以使用細砂糖爲準。

＊ 引用圖表或表格的出處，統一整理於最後列出的引用文獻及參考文獻之中。

開始製作
糕點之前

未曾聽說的糕點故事 Q&A

 生日蛋糕的習慣，是從什麼地方、什麼時候開始的呢？

 開始於希臘，是為了慶祝諸神誕生所獻的貢品。

　　生日時慶祝的蛋糕一向不可少。在蛋糕上插蠟燭，許下心願後吹熄燭火，迎接生日時接受大家的祝福，真是幸福的一刻。

　　像這樣以生日蛋糕來慶祝的習俗，最早是開始於慶祝希臘眾神的誕生，因而製作的食物。而一般人生日的蛋糕製作，則是從中世紀歐洲開始。至於蛋糕上的蠟燭，則是與希臘神話中阿提密斯(Artemis)有密切關連。阿提密斯是掌管月亮及狩獵的女神，在女神誕生呈獻貢品時，會以代表女神的月華之光來加以裝飾，而流傳至今。

　　現在所能見到的生日蛋糕，聽說是從13世紀中期在德國 Kinder Festival開始。在生日當天早上，小朋友一醒來，就在蛋糕上裝飾年齡數的蠟燭，並且再多加1支「生命燭火」，點亮蠟燭之後，由小朋友許願再吹熄蠟燭。

 在日本，從什麼時候開始有吃耶誕蛋糕的習慣呢？

 從1910年左右開始，至1950年受到大家的接受及喜愛。

　　日本耶誕蛋糕的起源，是在1910年左右賣出，加上耶誕裝飾的李子蛋糕。到了1922年左右，就有了以奶油裝飾的耶誕蛋糕，據說當時即使不知道耶穌誕生的人，也都蜂擁而起購買。

　　一般家庭中，開始有購買耶誕蛋糕的習慣，則是在1950年代中期以後，隨著冰箱的普及，才又變成現在裝飾著鮮奶油的蛋糕。還曾經有冰淇淋耶誕蛋糕熱賣的時代。

　　法式木柴聖誕蛋糕(Bûche de Noël)、德式史多倫聖誕麵包(Stollen)以及英式聖誕布丁、義大利潘那朵尼(Panettone)麵包和潘多洛(Pandoro)麵包等，各國耶誕糕點麵包在日本都可以看得到。但其他各國都沒有在耶誕蛋糕上插蠟燭的習慣，也許這是日本獨有的特色吧。

圓形的蛋糕尺寸是以「號」來表示，
到底是多大呢？

 1號的直徑是3cm。各以3cm的刻度來增加號數。

購買裝飾的圓型蛋糕時，可以發現經常會以「號」來標示。這是表示蛋糕的大小，因此隨著號數越大，蛋糕就越大。1號是直徑3cm，每一個號數會以3cm為一單位增加。使用3cm標示，是沿用過去的尺貫法而來。一般蛋糕的大小是5號(15cm)、6號(18cm)。

因此，蛋糕的模型以及裝飾的圓型蛋糕盒，都是同樣以號數來標示。例如，以5號蛋糕模烘烤的蛋糕，就是適用5號蛋糕盒，連同裝放蛋糕盒的紙袋也適用5號尺寸。

像這樣以過去的度量衡單位標示，也被運用在其他方面。像是過去糕點的配方，重量的標示都是「貫」、「斤」，而容積單位是以「合」來表示。吐司麵包是以1斤、2斤的方式來標示，現在也仍延用。

順道一提，吐司麵包的1斤，大約是350～400g左右，而公正交易委員會所制定的標準是340g以上。

現在雖然已經沒有使用尺貫法了，但米和酒的「合」、「升」等依然因習慣延用下來，在糕點的世界當中，現在也仍舊用「號」來標示圓形蛋糕。

 蛋糕捲的海綿蛋糕體產生裂紋而無法順利捲好的原因是什麼？

 是因為蛋糕體變得乾燥了。

常聽到大家說捲起蛋糕捲的海綿蛋糕體時，因為蛋糕體有裂紋而失敗。原因應該是在於烘烤時或是冷卻時，蛋糕體變乾而導致。

1 短時間高溫烘烤

蛋糕捲用的海綿蛋糕體，必須均勻平薄地攤放在烤盤上烘烤。這樣表面積會比放在較高的模型內烘烤時更大，但也因為烘烤時會使得麵糊中的水份更易於蒸發，所以利用高溫迅速烘烤完成是其特徵。

烘烤的溫度較低時，需較長時間才能烘烤完成，或是烘烤過度時，都會使蛋糕體變得乾燥，在捲動時造成裂紋。

2 在冷卻蛋糕時，必須覆蓋上紙張

以烤盤薄烤而成的蛋糕體，因表面積較大，由烤箱取出冷卻時，水份也會不斷地由表面蒸發，而容易變得乾燥。因此，拿出烤箱放涼，必須在蛋糕體上覆蓋紙張。

在製作蛋糕捲時，蛋糕體仍稍有餘溫的狀態下，放入塑膠袋中，可以讓蛋糕體更具濕潤感而容易捲起。

另外，在捲動的時候也必須多下一點工夫。蛋糕體底下墊放比蛋糕體稍大的紙張，捲起的紙張下方擺放上長尺，以長尺連同紙張一起提起捲動，要領就像是以竹簾捲動大捲花壽司般將蛋糕捲起，就可以捲出漂亮的蛋糕捲了。

 蛋糕上裝飾的水果，要怎麼做看起來才會有水亮亮的光澤呢？

 可以刷塗上明膠液、寒天液、果醬或是鏡面果膠。

裝飾在蛋糕上的新鮮水果，為了看起來能更有光澤，因此會刷塗上明膠液(水、砂糖、明膠製成)、寒天液(水、砂糖、寒天製成)、杏桃果醬或鏡面果膠。

這些增加光澤的材料，可以刷塗在奶油蛋糕或是水果上，或是使用澆淋在慕斯表面的鏡面果膠也非常方便。

鏡面果膠有杏桃風味(因其顏色而被稱為nappage blond)、莓果風味(被稱為nappage rouge)，以及無味透明(nappage neutre)等種類。

此外，區分成必須加熱使用以及不加熱使用等類型。還有添加水及果汁使用及直接使用等不同的種類。

不加熱即可使用的鏡面果膠，活用其特徵使用於較不能承受熱度之材料。例如，刷塗在新鮮水果的表面，就不會因受熱而改變其狀態，或是像使用在慕斯等表面裝飾，就不會因熱度而使得慕斯表面溶化，因為凝固緩慢，操作方便更是其優點。

加熱後使用的鏡面果膠，雖然不能使用在怕高溫的糕點上，但正因為加熱所形成更堅實的凝固。因此刷塗在奶油蛋糕、塔餅等烘烤糕點表面時，除了可以形成具光澤的烤色外，同時也可以形成表面的保護膜以防止糕點乾燥。

當買不到與配方濃度相同的鮮奶油時，該怎麼辦呢？

 可以利用兩種不同濃度的鮮奶油混合調整。

　　未必隨時都能買到想使用濃度的鮮奶油。這個時候可以用濃度較高和濃度較低的鮮奶油混合，調配出需求濃度的鮮奶油。

　　例如，想要40％的鮮奶油1000ml。而手邊正好有48％和35％的鮮奶油時，可用皮爾森(Pearson)四角形的方法，計算出48％和35％各需多少份量混合成想要的濃度。這是當混合A％(高濃度鮮奶油)和B％(低濃度鮮奶油)，製作出C％的必須用量時，A％和B％需要混拌多少份量才能取得需要用量的計算方法。

　　以A％的配方比例是D，B％的配方比例以E為基準即可計算出來。

$$E = A - C$$
$$D = -(B - C)$$

C％的必須用量以F來計算

皮爾森(Pearson)四角形

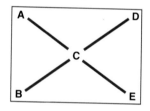

$$A\%的份量 = F \times \frac{D}{D+E}$$

$$B\%的份量 = F \times \frac{E}{D+E}$$

可以試著以實際例子帶入鮮奶油濃度及其用量。

$$A\%(48) - C\%(40) = E(8)$$
$$-(B\%(35) - C\%(40)) = D(5)$$

　　40％的C想要1000ml時，各要用多少ml的48％的A及35％的B混拌才能完成呢？這個數量可以由以下的算法來求得。

$$A(48\%)是1000 \times \frac{5}{8+5} = 384.61\cdots$$

$$B(35\%)是1000 \times \frac{8}{8+5} = 615.38\cdots$$

　　藉由這個算式，可以知道48％的鮮奶油用385ml，而35％的鮮奶油則是用615ml，一起混拌後，就可以得到1000ml的40％鮮奶油。

戚風蛋糕製作時，在模型上塗抹油脂而不舖紙張就烘烤，
即使沾黏著模型也沒關係，是為什麼呢？

 因為麵粉較少的配方，為了不使蛋糕塌陷下來，
故需要藉此來支撐烘烤完成的蛋糕。

　　戚風蛋糕的麵糊含較多水份，其特徵就是潤澤膨鬆軟綿的口感。為使烘烤完成的蛋糕能有輕軟的感覺，因此是含有較多蛋而較少麵粉的配方，利用將蛋白打發後的巨大膨脹來製作。放入專用較高的圈狀模型中烘烤，完成時體積就會膨脹起來。

　　一般放入模型中烘烤的蛋糕，烘烤完成時，為了使蛋糕體能夠輕易地脫模，通常都會在模型中塗抹奶油撒上麵粉，或是舖放烤盤紙，但戚風蛋糕卻是為了使其沾黏在模型上，而直接倒入模型中烘烤。

　　這麼特意要讓蛋糕沾黏在模型上，是有理由的。藉著打發的蛋白膨脹烘烤出的麵糊，因缺少了能支撐其膨脹的麵粉，所以即使在烤箱中膨脹得很漂亮，但只要一拿出烤箱就很容易塌陷。為了能保持住這漂亮的膨脹，讓蛋糕能沾黏在模型上就可以成為支撐蛋糕的拉力，進而保持膨脹鬆軟的成品。

　　另外，也為了不因蛋糕的重量及重力而萎縮，必須要連同模型一起倒扣、放涼。若是直接翻轉倒扣，可能會將膨脹起來的麵糊壓扁成模型的高度，所以在圈狀中空的部分以夾子固定，讓放涼時的模型，就像是浮著倒扣在工作檯上的狀態，是個比較特殊的放涼方法。待完全冷卻後，再以專用脫模刀仔細地沿著模型劃開取出蛋糕。

　　戚風蛋糕模會呈現圈狀，也是具有使蛋糕體中央不致下陷，並且有助於支撐蛋糕體的作用。

 瑪德蕾的中央，為什麼會膨脹並且同時產生裂紋呢？

 因為麵糊當中的水份，最後會由中央部份排出所造成。

　　瑪德蕾只要烘烤得很成功時，就是中央部份會鼓漲並且產生裂紋。

　　瑪德蕾一放入烤箱後，麵糊中的水份會因加熱而變成水蒸氣。水蒸氣的體積因比水份大，因而全體都會鼓漲起來。這個時候，熱度由麵糊的周圍傳導至中央，最後中央部份也會完全烤熟。中央因麵糊中的水份變成水蒸氣後由此排出，在完全烘烤得很紮實的表面隆起，進而排出時，就會造成中央部份的裂紋。因為添加了泡打粉製作，所以也會因其產生的氣體而造成更大的裂紋。

就像奶油麵糊放入磅蛋糕模烘烤，中央部份也會產生裂紋一樣。瑪德蕾也算是奶油麵糊的一種，中央部位較厚，因此也會產生相同的效果。

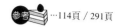

…114頁／291頁

為什麼放上了糖煮水果的塔餅經過烘烤後，烘烤完成的餅皮會有部份變軟，燒焦地沾黏在模型呢？

這是因為糖煮水果與塔餅接觸到的關係。

洋梨塔等，放上具代表性的糖煮水果烘烤的塔餅，是將塔麵團舖放至模型中，將杏仁奶油餡擠放在塔麵團上，再排放糖煮水果去烘烤而成。

這種類型的塔餅，烘烤完成時，只有部份塔餅會變得過於柔軟，或邊緣焦黑等，就是因為麵團曾沾黏在模型上的緣故。

原因就在於水果直接接觸到塔餅的關係。如此一來在烤箱內烘烤時，水果當中含糖的水份流出，被塔麵團所吸收，因此水份會使塔皮變軟，而糖份會導致產生焦黑。

所以，在排放水果時，與麵團稍保持間隔會比較好。

蛋白杏仁圓餅（Macaron）光滑的表面及底部的皺摺是如何形成的？

待表面乾燥後烘烤而成，所以會由底部邊緣溢流出柔軟的麵糊所形成。

在法國每個地方都各有其著名的蛋白杏仁圓餅。表面光滑的蛋白杏仁圓餅，被稱為Macaron parisien(巴黎的馬卡龍)，或是Macaron lisse(lisse是滑順光滑的意思)。

這種蛋白杏仁圓餅，是在蛋白中加入砂糖打發，混拌入杏仁糖粉※和糖粉，再絞擠成圓形放入烤箱中烘烤而成。完成時會膨脹成扁平的半球狀，在同樣形狀的底部塗抹上果醬或奶油餡，加以貼合成圓形，這是最常見的形狀。咬下表皮時就像是咬破脆脆的薄膜，進而品嚐到中間的潤澤，杏仁的芳香在口中擴散開來，可以品嚐出令人愉悅的對比口感。

製作出完美蛋白杏仁圓餅的條件，首先表面必須是平滑且具光澤，第二是底部邊緣必須溢出少許麵糊形成底部皺摺(原書Pied=是腳的意思)。要如何才能做出如此完美的蛋白杏仁圓餅呢？

表面薄膜般的形成，是因為在配方中含有較多的砂糖，在烘烤完成時因過度飽和而將砂糖釋出於表面（→80頁）。

為了能製作出表面的平順光滑，在混拌了蛋白、杏仁糖粉及糖粉之後，必須使用刮板從缽盆邊緣至底部徹底地混拌(macaronage手法)，適度地壓破蛋白霜的氣泡，使其能成為滑順具流動性，有光澤的麵糊，就是製作的重點。混拌會破壞氣泡，使麵糊產生流動性，所以混拌至什麼樣的程度，非常重要。

絞擠出些許麵糊後切斷的痕跡，在接著絞擠數個麵糊後就會消失的重量感，以及麵糊絞擠出來之後，會再稍稍向外擴大，如此是最為適當的麵糊程度。

接著，待表面乾燥至輕觸也不會沾黏的程度時，再放入烤箱烘烤。當麵糊膨脹至某個程度，表面會烤得稍硬，這個時候若是還會再膨脹，因表面稍硬而無法再向上膨脹，就會向底部邊緣柔軟的部分溢流，橫向流出成為底部皺摺。

為了能漂亮地做出底部皺摺，麵糊的混拌及烘烤的程度都非常重要。使其乾燥後，放入200℃的烤箱中烘烤2～3分鐘，再移至150～160℃的烤箱，繼續烘烤7～10分鐘左右。

※杏仁糖粉：將等量的杏仁與砂糖混拌後，磨成粉狀，或是使用等量的杏仁粉和糖粉混拌代用。

 在法國糕點的配方中，麵粉標註的Type45是什麼意思？
若是日本麵粉該如何使用呢？

 是法國對於麵粉的區分。Type45可以置換成日本的低筋麵粉。

在法國製作糕點時，一般使用的是稱為Type45、Type55的麵粉。是以灰分含量做為分類，規定的Type45灰分含量為0.5～0.6％，蛋白質含量在11.5％以上。

在日本，依蛋白質含量而區分為低筋麵粉、中筋麵粉、準高筋麵粉及高筋麵粉等，依其小麥外皮混入比例而區分成1等粉、2等粉之等級，等級越低外皮的混入比例越高，灰分值也越高，這個區分方法與法國是不同的。

Type45、Type55的灰分較日本的麵粉多，所以相當於日本等級中的2等粉。但也並非表示這些品質較日本的特等粉或1等粉差。主要是因為法國對於麵粉的考量及需求與日本不同而已。另外，小麥的品種、栽培的環境及粒子的粗細等也都不盡相同，光是以成份無法完全推想麵粉的性質。

但即使如此，法國糕點配方重現日本時，仍不得不置換成日本的麵粉。這個時候可將Type45視爲近似日本的低筋麵粉，而Type55之於中筋麵粉、Type65或80則是相近於準高筋麵粉或高筋麵粉。

 為什麼焦糖布蕾(Crème brûlée)中經常使用粗粒砂糖呢？

 因為精製度較低而略呈紅色，是法國經常使用的砂糖。

焦糖布蕾的表面有層香脆的焦糖層，用湯匙敲破後與中間的柔嫩的布丁一起食用。

製作這層焦糖，最不能少的材料就是粗粒砂糖。在焦糖布蕾的表面撒上粗粒砂糖，再以噴槍烘烤，使其焦糖化。

粗粒砂糖是由甘蔗榨汁熬煮，使其結晶化製成的粗糖，在法國被分類於紅砂糖之中。因爲低精製度，所以特徵是其中仍殘留著獨特的甜味及特有的風味。在法國是種常用的糖，也可以像這款糕點一樣，使用細砂糖以外的糖強調糕點的特性。

 蒙布朗有分黃色和茶色兩種，究竟有何不同呢？

 使用不同栗子的緣故。
黃色是日本的甘露煮栗，茶色是法國栗子的顏色。

在日本有黃色的蒙布朗和茶色的蒙布朗，顏色的不同是源自原料栗子的不同。

使用法國栗子的蒙布朗會是茶色，但在日本最初製作的蒙布朗是黃色。這是以梔子花染黃的原因，而現在則是因爲日本大多使用的是甘露煮栗。

現在，因爲可以取得以法國栗子製成的栗子泥或栗子奶油餡，所以使用的糕點店也增加了。因此，日本有黃色和茶色的蒙布朗。

法國的栗子較日本栗子含有較多丹寧的成份，加工後會變成茶色。另外，在法國加工栗子時，通常會連澀皮一起加工，這也是成爲茶色的原因之一。

Q 牛奶糖或餅乾帶點鹹味都賣得很好，這種帶著鹹味的點心
是過去以來一直都有的嗎？

A 法國的地方糕點確實有鹹味糕點。以產鹽著稱的地方
製作出含鹽份的奶油，以此製作的糕點，就會帶著鹹味。

糕點雖然是以甜味為主體，但在其中可以添加鹽份以提引甜味，或是做為整體提味用，所以也會在糕點中添加極少量的鹽。

本書當中，介紹的塔麵團、派麵團、泡芙麵團等，其配方當中都是添加了感覺不到鹹味的鹽份。另外派麵團及發酵麵團等，鹽份可以增加麵團的彈力，所以鹽其實在看不到的地方確實發揮其作用。

有些像這樣在糕點當中僅添加少量的鹽分，但與此不同的是也有些是帶著鹹味的牛奶糖或餅乾。這些是法國布列塔尼地方，自古以來廣受大家喜愛的地方糕點，這種餅稱之為Galettes bretonnes(布列塔尼烘餅)，冠上布列塔尼地方名稱的代表性糕點。

除此之外，Kouign Amann (奶油烘餅)也非常著名，在布列塔尼的方言中，Kouign 是糕點，而Amann指的是奶油，這是一種富有奶油香氣的發酵糕點。

這些點心都帶有些鹽分，原因在於當地製作的奶油當中都含有較高鹽分的緣故。在法國無鹽奶油是主流，含鹽分的奶油則是因為布列塔尼地方的給宏德(Guerande)，是世界有名的鹽產地，因此將鹽份加入奶油當中，以提引奶油風味是非常自然而然的事。

含鹽份最高的奶油，以含鹽奶油為名的beurre salé，所含的鹽份超過3%。還有含鹽份較低的奶油beurre demi-sel，所含的鹽分為0.5～3%。相較於日本含鹽奶油的鹽份含有率(1.5%左右)，可以知道其含鹽量相當多。因此，使用這些奶油時，自然糕點中就會帶有鹹味。

糕餅店在製作商品時，會由法國地方性糕點及當地特產、或是古典書籍中得到靈感，再配合上時代潮流地加以調整搭配。也有在這樣的調配當中，孕育而生的鹹味糕點。

Confiture和Gelée有何不同？

 Confiture是法式手工果醬，而Gelée則是果凍

Confiture在法語中是果醬類的總稱，將水果或蔬菜熬煮成果凍般的製品。Gelée則是果凍，因不含果肉所以成品具透明感。

提到果醬，在日本甜度稍低的果醬非常受到歡迎，所以只要是糖分40%以上的，都被稱之為果醬，但不同的是歐洲糖份必須在60%，美國則是65%以上才能被稱為果醬。

 Guimauve和 Marshmallow相同嗎？

 是一樣的。由植物而命名，Guimauve是法文、而Marshmallow是英文。

Marshmallow是英文，而法文是Guimauve，在法國糕點店都可以買得到。

不管是Marshmallow或Guimauve，在日本統稱為藥蜀葵(Althaea officinalis)的植物。這種植物的根部含有大量黏液，會成為黏稠的糊狀。據說就是製作棉花糖最原始的成份。另外也因含有糖份而具有甜度。

古羅馬時代開始被作為藥用，至19世紀中期在法國也被作為止咳、減緩喉嚨疼痛的藥用食品，據說在其中加上蛋白及砂糖，柔軟的棉花糖在當時就是這樣製作出來。

現在的棉花糖已經不含這種藥用成份了。是邊加入糖漿邊打發蛋白，加上明膠再添加水果泥或香料製作而成。

製作糕點的器具　Q&A

 在家裡糕點製作時，首先必需要備齊的器具有哪些？

 只要有量測用的磅秤、混拌用的缽盆、攪拌器、橡皮刮刀、
刮板以及烘烤用的模型與烤箱就非常足夠了。

　製作糕點用的器具，比想像中要更簡單許多。

　只要有口徑21cm和24cm的不鏽鋼製缽盆2個、鋼盆口徑1～1.5倍長的攪拌器、橡皮刮
刀、刮板、模型，還有量測用的磅秤和烤箱，就可以做出大多數的糕點了。

　鋼盆的大小，並不是「大盆可兼小盆用」。相對於用量，若鋼盆過大時，會不容易打
發，材料也不容易混拌。另外，稍有高度的戚風蛋糕模等，若買得太高太接近烤箱頂
部，也無法烘烤出漂亮的成品。

　鋼盆或模型，應該要配合製作的份量以及烤箱的大小來選購。

 …223～225頁

 現有的蛋糕模型與配方的尺寸不同時，
要如何計算其用量。

 圓形則以半徑，其他形狀則以體積計算推演出來。

　自己所使用的蛋糕模型尺寸與配方所寫的大小不同時，配合想使用的模型用量計算後
推演出來。

1　想用的模型與配方中使用的模型都是圓形時

　一般家裡使用的海綿蛋糕般的圓形模，高度大都相同但尺寸不同，這個時候大致可用
模型的半徑來計算。

X＝(想使用的模型半徑)² ÷ (配方的模型半徑)²

將配方用量乘上X，就可以簡單地求得想使用模型的用量。

2 其他場合

　　模型當中，除了圓型、方型之外，還有加以修飾過的變型模型。除了圓形之外，都是先各別求出各種模型的體積(下述①～③之計算)，計算出X，再以X乘上配方用量，就可以求得想使用模型的用量。

① 圓型 ：半徑 × 半徑 × 3.14(圓周率) × 高
② 方型 ：長 × 寬 × 高
③ 變形模 ：在模型中裝滿水，量測水的重量。水1g=1cm³ 所以這個值即是體積。

X＝想使用的模型體積 ÷ 配方模型體積

 模型的材質，要如何選擇比較好呢？

 考量熱傳導力、耐久性、保養清潔方法以及重量等再決定。

　　經常使用的糕點模型，有鍍錫、鋁製、不鏽鋼、鍍鋁及矽膠製等。此外，還有使麵糊或麵團不易沾黏，表面以鐵氟龍加工過的模型。

　　依模型的材質不同，對麵糊或麵團的熱傳導方式(熱傳導力)也各不相同，使用熱傳導力較佳的模型時，糕點比較容易烘烤出烤焙色澤是其特徵。

　　但話雖如此，也不能斷言地說選擇熱傳導力較佳的就好，在家庭中使用時，還有個重點就是要易於保養清潔。

　　像是鍍錫模型熱傳導非常好，很適合烘烤糕點，但很多人認為在家庭中使用，保養清潔太過麻煩了。在最初使用前，沒有事先放入烤箱中空燒的話，麵糊或麵團容易沾黏在模型上，耐久性不佳。另外，長時間不使用，必須要清洗過模型，放入烤箱空燒使其完全乾燥，再刷塗上一層薄薄的油脂加以保存，否則會因空氣中的濕氣而導致生鏽。

　　像糕餅店般每天使用相同模型烘烤相同糕點，防止生鏽只要每天擦拭乾淨就很足夠，並不需要水洗，但若暫時不使用，那麼在使用前就必須花一些工夫進行清潔工作。

　　就這個部份而言，不鏽鋼雖不容易生鏽也易於保養處理，但是熱傳導性就沒有鍍錫模型那麼好。

　　熱傳導力佳、耐久性好、易於清潔保養以及模型重量等條件當中，會因使用者著眼點而有不同的選擇。家用時，或許可以做整體綜合評估後，選擇最方便使用的模型即可。另外，也會因想製作的糕點不同而選擇不同材質的模型。

其中，只有矽膠並非金屬類，在此對於可利用其特性的使用方式，稍作介紹。矽膠製的模型因較為柔軟，所以特色之一是材料可以很容易地脫模，可使用溫度的範圍從-2～240℃，具有優異的耐熱性及耐凍性。

因此，模型除了放入材料以烤箱烘烤的使用方法之外，裝入奶油餡冷凍，也可以不破壞其形狀地脫模，因此也可用於慕斯等製作。

 為什麼需要預熱烤箱呢？另外，預熱溫度大約多少才是最佳狀態呢？

 因為低溫狀態就開始烘烤時，
會使得麵糊或麵團無法漂亮呈色或是會變得乾燥。

用烤箱烘烤糕點時，先以烘烤溫度「預熱」烤箱是非常必要的。

若預熱不完全，在較低的溫度下就開始烘烤，無法烘烤出漂亮的呈色，因為低溫開始烘烤，會拉長烘烤時間，烤焙完成時造成糕點過於乾燥。

但是，麵糊或麵團放入烤箱的瞬間烤箱內溫度會下降，也必須考慮到這個部份加以預熱。

首先，烤箱門打開時，充滿在烤箱內的熱空氣，就會流出致使溫度下降。再者，放入烤箱的麵糊或麵團(常溫左右)也會吸收熱度，使得烤箱內的溫度更為降低。在麵糊或麵團放入烤箱後溫度大幅降低，必須快速地使溫度回升，所以可設定成較原烘烤溫度更高一點，或是想其他的方法使溫度回升。即使如此，烤箱急速溫度上升，熱度會比原預定烘烤的溫度更高。如此一來，加熱器的高熱會直接影響到糕點，可能會造成烤色過深或是麵糊(麵團)表面太早烘烤成固定形狀而影響膨脹的程度。

因此，糕點在放入烤箱關上箱門時，希望烤箱內的溫度就是烘烤時的溫度，因而預熱溫度會設定成較實際烘烤溫度更高10～20℃，放入烤箱後再重新設定成預定的烘烤溫度。

業務用的大型烤箱，烘烤的糕點數量若更多時，也必須視其數量稍稍調高預熱溫度。另外，家庭用較為狹小的烤箱，因為溫度的下降會比大烤箱更快，所以即使只是烘烤1個海綿蛋糕，也必須以稍高溫度來預熱。

其他，像是烘烤派麵團般冷藏過的麵團時，烤箱內的溫度也因較容易下降，因此設定預熱溫度時也必須考量這些條件。

即使烤箱已達預熱的溫度，
為什麼不要立刻放入麵糊或麵團比較好呢？

 因為即使達到預熱溫度，當下烤箱內還不是完全溫熱的狀態。

烤箱加熱的構造，有七成左右是由加熱器散發出熱度，三成左右是由烤箱的壁面溫熱之後散發出熱度。

預熱時，達到預熱溫度的當下，只是加熱器的熱度到達設定溫度而已，烤箱內的壁面還不見得是十分溫熱的狀態。因此，即使達到預熱溫度，也要繼續預熱一些時間，確保溫度後再放入麵糊或麵團。

如果能夠完全預熱的話，即使打開烤箱門溫度也不會降低太多，接著的烘烤溫度，也可以持續以所需的溫度加熱糕點至完成。

 以相同的烤盤並排烘烤時，為什麼糕點的色澤
無法呈現均勻相同狀態呢？

 因為在烤箱內靠近加熱器會有較強的熱度。

有時候排放著糕點的烤盤會因並排的位置不同，呈現不同的烤色。

通常靠近加熱器附近，烤箱最深處烤色會最深，而最外側的烤色會較淺。另外，即使是左右邊也會有異差產生。

如果很在意烤色不均勻的話，可以在烘烤至接近完成時，將烤盤前後左右的位置相互交換放置，就可以將呈色調整成均勻的烤焙色澤了。

特別是烘烤泡芙麵團時，在麵團正膨脹時一旦打開烤箱門，會使溫度下降導致泡芙塌陷，所以當膨脹完成，裂紋處開始出現淡淡烤色時，比較適合進行。海綿蛋糕麵糊，不論模型烘烤或烤盤烘烤，都應該在表面開始呈現淡淡烤色時再進行位置交換。派麵團同樣也有膨脹狀態的影響，所以也應該在幾乎完全烘烤完成後再進行位置交換。

無關係膨脹狀態的麵團，像是塔麵團或餅乾時，開始呈現烤色時，若感覺到呈色不甚均勻，就可以進行位置的交換。

製作糕點的器具

 對流式烤箱(Convection Oven)是什麼？

 烤箱內散發出大量熱空氣造成溫度上升，
並具有電動風扇可強制使熱氣對流的烤箱。

通常在烤箱內同時疊放2層或3層烘烤時，最下方的烤盤會較難以受熱，但對流式烤箱會使熱空氣流經各烤盤間，最大的特徵是較不會有烤色不均勻的狀態。業務專用烤箱，可以同時烘烤數層烤盤，不需要大量的空間一次可以大量烘烤，這一點是最具魅力之處。

對流式烤箱的特徵，是不容易產生烤色不均，好處是可以同時烘烤較多糕點，但需要做出對比烤色的麵包，也會因色澤太過勻一，反而讓人覺得不便。

另外，因為是熱風的對流，所以麵糊或麵團也容易變得乾燥，像是可頌麵包追求鬆脆口感，或是其他麵包餅乾，要烘烤成乾燥的蛋白霜時，這個特色就非常適合。

反之，像是海綿蛋糕般需要烤成潤澤口感的糕點，蛋糕體越薄就越容易變得乾燥，反而不適合使用。

其他像是需要膨脹得較高的一口派，因對流時產生風動會使得膨脹處無法垂直膨脹起來。對流式烤箱也有可以調整風量機能的機種，因此可視糕點的狀態來控制風量，順利烘烤出自己想要的狀態。

 在烤盤中烘烤海綿蛋糕薄片時，
要如何使其不沾黏在烤盤上？

 可以舖上紙張或墊子後再倒入麵糊。

在烤盤上直接倒入麵糊烘烤時，可以舖放上紙張或墊子以防止其沾黏在烤盤上。

很簡單就可以買到，具耐熱性的紙就是烘焙紙。

另外也有烘焙墊，是用玻璃纖維再以鐵氟龍加工，像紙張一樣薄的耐熱墊。可以切成烤盤大小來使用，洗淨後可重覆使用是最吸引人的地方。

另外，矽膠墊是以玻璃纖維和矽膠樹脂製成的耐熱墊，也很方便且可以重覆使用。易於將材料剝離，很堅固且稍具厚度，所以像比斯吉麵團等，也可以直接絞擠在上面，再將墊子移動至烤盤上即可。但也因稍具厚度，所以底部的傳熱不如烘焙墊快。

 蛋糕用的蛋糕刀要選擇什麼樣的較適合？

 準備刀刃較薄，刀身較長的刀子。

想要漂亮地分切蛋糕，就必須要有蛋糕專用的刀。薄刀刃的不鏽鋼材質最常見。一般家庭用，刀刃長度約30～35cm左右的就可以了。

刀刃有分直線型和鋸齒型。

分切海綿蛋糕等膨鬆軟綿的蛋糕時，刀子必須前後大動作地切劃，這樣才能切出漂亮的斷面。

分切像派餅般容易破碎的糕點時，使用鋸齒狀刀刃的刀，不要太用力地輕巧小動作地移動劃切即可。

 均勻分切海綿蛋糕使其厚度相同的訣竅是什麼？

 沿著金屬棒等來分切即可。

薄薄地分切海綿蛋糕，再夾上奶油餡或水果時，海綿蛋糕體必須分切成均勻厚度的薄片，這在熟練之前或許是相當困難的一件事。

分切蛋糕，可以準備與想要厚度等高的金屬棒兩根，分別平行地放在海綿蛋糕的兩側，刀子平放在金屬棒上沿著棒子分切，就可以切成漂亮的薄片了。

裝飾著奶油的蛋糕，要如何才能漂亮地分切？

 先溫熱刀子再分切。

　　分切塗了奶油的蛋糕，先用熱水溫熱刀子後，用布巾輕輕擦去刀子上的水氣再分切，這樣就能避免奶油沾黏在刀子上，而切出漂亮地斷面。藉著溫熱刀子的動作，使得刀子接觸到奶油時，可以立即融化奶油。每切一次就必須重覆進行一次這樣的動作。

　　另外，為了能將蛋糕的每一塊都切得一樣大，想要均勻分切蛋糕。可以事先在要分切的位置上用刀子劃下記號，這個階段就將大小均勻地設定好，再開始切，如此就可以確保每一塊都是均勻的大小。

　　圓形蛋糕，有可以均勻分切用的等分器(8、10、12、14等分)，輕輕地放置在蛋糕上，就可以在表面壓出放射狀的切分線。

製作糕點
的為什麼？

糕點圖鑑

　　將本書中所列舉的麵糊或麵團及奶油餡相互搭配組合，就可以製作出各式各樣的糕點。雖然組合搭配有無限多的變化，在此介紹的是長期以來廣受喜愛的招牌糕點。

　　此外，在這些麵糊或麵團及奶油餡當中加入其他的材料加以調配，就可以做出更多樣化的組合。在此舉出的僅是其中一例。請大家利用無限的創造力，搭配出新的糕點吧。

　　至於，這些各別的配方及製作方法，請參考47頁後各章節的內容。

●使用全蛋打發法海綿蛋糕麵糊與香醍鮮奶油製作的糕點

草莓奶油蛋糕
Gâteau aux fraises

全蛋打發法海綿蛋糕麵糊 ＋ 香醍鮮奶油

　　草莓蛋糕是由日本所作出最普遍的糕點，但在法國卻看不到。一般會使用全蛋打發法海綿蛋糕麵糊和香醍鮮奶油的組合，但其實不限於草莓，也可以使用其他水果來製作，是種非常易於搭配的蛋糕款式。

全蛋打發法海綿蛋糕麵糊　熱內亞海綿蛋糕麵糊 Pâte à génoise

　　打發全蛋製作的海綿蛋糕麵糊。草莓海綿蛋糕雖然是圓形的，但製作成蛋糕捲等等的時候，可以放在烤盤上烘烤成薄片，還可以添加可可粉或咖啡等，製作出不同風味的蛋糕。

　　打發雞蛋製作的代表麵糊之一，只要這個麵糊能烘烤成膨鬆軟綿的口感，也可以變化出更多糕點的樣式。

香醍鮮奶油　香醍鮮奶油　Crème chantilly

　　鮮奶油中加入砂糖打發而成。

●分蛋法海綿蛋糕麵糊與巴巴露亞製作的糕點

水果夏露蕾特
Charlotte aux fruits

分蛋法海綿蛋糕麵糊 ＋ 巴巴露亞餡※

※巴巴露亞餡＝英式奶油醬汁＋無糖打發鮮奶油＋明膠

　　分蛋法海綿蛋糕麵糊絞擠成帶狀烘烤再製成盒狀，之後倒入巴巴露亞餡使其凝固，再以水果裝飾而成。可以變化使用水果以及巴巴露亞餡的口味，很容易搭配出不同風味的糕點。

　　夏露蕾特的名字，有人說是因其形狀像帽子而以此命名，也有人說是由英國國王喬治三世的王妃夏露蕾特之名而來。像現在這樣以分蛋法海綿蛋糕及巴巴露亞餡組合的型態，據說是由19世紀的糕點師傅安東尼‧卡瑞蒙(Antoine Carême)(→43頁)的設計而來。

分蛋法海綿蛋糕麵糊　比斯吉麵糊　Pâte à biscuit

　　分別打發蛋白和蛋黃來製作的海綿蛋糕麵糊。麵糊絞擠後烘烤，就稱為Biscuit à la cuillère。Cuillère在法語中是湯匙的意思，據說過去沒有擠花袋時，都是以湯匙舀起麵糊放置在烤盤上烘烤，因此而命名。

　　Biscuit à la cuillère，小小地絞擠出來後篩上糖粉烘烤，兩片中間塗上奶油餡用水果加以裝飾，或是烤盤中擠出較大的形狀烘烤，塗抹上香醍鮮奶油或卡士達鮮奶油，再捲起作成蛋糕捲。

　　組合變化上，可以用加了可可粉的麵糊和一般麵糊交互絞擠，或是在其中加入切碎的堅果或開心果泥等。

巴巴露亞、巴巴露亞奶油餡　Bavarois, Crème bavaroise

　　巴巴露亞是英式奶油醬汁(Crème anglaise)當中加入明膠，與無糖打發鮮奶油Crème fouettée(未加砂糖的打發鮮奶油)混拌後，冷卻凝固而成。

● 杏仁海綿蛋糕 Biscuit Joconde (分蛋法海綿蛋糕麵糊的運用)與
奶油餡、甘那許製作的糕點

歐培拉蛋糕
Gâteau opéra

杏仁海綿蛋糕 ＋ 奶油餡 ＋ 甘那許

烘烤成薄片的杏仁海綿蛋糕，使其飽含咖啡糖漿後，再重覆疊放甘那許及咖啡風味的奶油餡，最後以巧克力加以裝飾的蛋糕。據說是在1890年前後，由法國著名的糕點店Dalloyau所設計製作。表面裝飾的金箔，看起來就像是立在巴黎歌劇院圓頂上的阿波羅神像所舉著的黃金琴般耀眼，因此而命名。

杏仁海綿蛋糕　Biscuit Joconde

分蛋法海綿蛋糕的運用，加入了杏仁粉增添了杏仁風味的麵糊。

但不知為什麼以李奧納多・達文西名畫中的蒙娜麗莎，這位女性模特兒的姓氏Joconde 來命名。

奶油餡　Crème au beurre

本書當中，介紹的是在奶油中加入義式蛋白霜混拌的奶油餡。使用於歐培拉(opéra)蛋糕時，也可以拌入咖啡(咖啡粉、咖啡濃縮醬Extraits De Café)以增添風味。

甘那許　Ganache

利用巧克力和鮮奶油混合而成的巧克力鮮奶油餡。也可做為巧克力球的中央餡料。

●使用奶油麵糊製作的糕點

水果蛋糕
Cake aux fruits

奶油麵糊

　　奶油麵糊中加入酒漬水果乾拌勻後烘烤而成。完成時再刷塗上熬煮過的杏桃果醬，裝飾上水果乾的糕點。順道一提，在法國樹上的果實就稱之爲fruit，因此不止是水果，也可在其中放入堅果等。

奶油麵糊　Pâte à cake

　　奶油、砂糖、麵粉和雞蛋，這四種材料以相同比例一起製成的糕點。所以這種蛋糕有許多不同稱呼。

　　在法語當中，被稱爲四分之一蛋糕(Quatre-quarts)，Quatre的意思是「四個的」，quarts是1/4的意思，四種材料都各放入1/4製作而成的蛋糕，故以此爲名。另外，這種蛋糕因爲較能持久保存，也被用來代表旅行的意思，所以還被稱作Gâteaux de voyage。

　　被稱爲磅蛋糕(Pound cake)，是因爲在英文當中，奶油麵糊放入磅蛋糕模中烘烤。同時也因爲這四種材料都各使用1磅(pound)來製作，所以由此命名。

●使用塔麵團與杏仁奶油餡製作的糕點

洋梨塔
Tarte aux poires

塔麵團　＋　杏仁奶油餡※

※杏仁奶油餡或是卡士達杏仁餡 (Crème frangipane)

　　塔麵團中填入杏仁奶油餡或卡士達杏仁餡，上面排放糖煮洋梨後烘烤而成。

　　也被稱爲布荷達魯洋梨塔(Tarte Bourdaloue)，這個名字的由來，據說是由過去巴黎Bourdaloue大道上的糕點師父所創作出，另一種說法是這種糕點由耶穌會傳教士路易・布荷達魯(Louis Bourdaloue)的名字而來。因此當這款糕點被稱爲Tarte Bourdaloue 時，放在塔頂的水果大多會排放成十字的形狀。

塔麵團　甜酥麵團　Pâte sucrée

　　加入了砂糖的塔麵團，稱之爲甜酥麵團，在本書當中將其視爲基本的塔麵團來介紹。Sucrée在法語中是砂糖的意思。製作方法有2種，即使是同樣的配方，也會因爲製作方式的不同而烘烤出不同特色的口感。

杏仁奶油餡　Crème d'amandes

　　在奶油中加入杏仁糖粉(等量的杏仁和砂糖混拌後磨成粉狀)或是杏仁粉加入等量糖粉混拌而成的杏仁糖粉，均勻混合後加入雞蛋，是種經常填放在塔麵團內的餡料。

卡士達杏仁餡　Crème frangipane

　　在杏仁奶油餡中加入卡士達奶油混拌而成。

　　Frangipane的名字，據說是由義大利遠至法國的凱薩琳・梅迪奇Catherine de Médicis的隨從Cesar Frangipani的名字而來。因爲他手套上的香水是由苦杏仁製成，這個香氣讓糕點師父得到靈感，而製作出這款餡料。

法式檸檬塔
Tarte au citron

塔麵團 ＋ 檸檬奶油餡 ＋ 義式蛋白霜

空燒塔麵團之後，於中間填滿檸檬奶油餡的糕點，上面也可以再用義式蛋白霜加以裝飾。這種塔類的製作技巧，可以在烘烤完成的塔餅內填放奶油餡，也可以像洋梨塔一樣，在放入塔麵團的同時，就填入餡料一起烘烤，此外，還可以在烘烤至一半的塔餅內填入奶油餡後，繼續烘烤等方法。

塔麵團（→38頁）

檸檬奶油餡 Crème au citron

使用全蛋、砂糖、檸檬、奶油製成的奶油餡。

義式蛋白霜 Meringue italienne

是將熬煮過的糖漿加入蛋白中打發的蛋白霜。因可以打發成有相當硬度的蛋白霜，因此可絞擠出作為裝飾用途。在裝飾完成後，可以再用噴槍烘烤出焦色，增加純白蛋白霜的色澤及美觀。

義式蛋白霜，雖然也能作為蛋糕上的最後修飾，但蛋白霜也是使奶油餡及慕斯口感能更輕盈，所不可或缺的材料。

此外，添加在糖漿中的水，也有部份可以用果汁或果泥來取代，就可以很容易地做出有水果風味的蛋白霜。

● 使用派麵團與卡士達鮮奶油餡製作的糕點

水果派
Bouchée aux fruits

派麵團 ＋ 卡士達鮮奶油餡

　Bouchée在法語中，是指一口的意思。派麵團以模型按壓，製作成像是派餅小盒，再擠入卡士達鮮奶油餡，裝飾上水果製作而成。

派麵團　千層酥派　Feuilletage

　以麵粉製成的千層酥麵團包裹上奶油，重覆擀壓折疊製作而成，所以又稱之為折疊派皮麵團。烘烤完成後會有多層薄餅皮層層疊疊是最大的特色。

　製作出這種麵團的人，是17世紀的畫家克勞德・洛蘭(Claude Lorrain)、或是孔代親王(Prince de Condé)的糕點師Fouillée、料理師Joseph Favre等之名而來，其實並沒有真正的結論。應該是在很久以前就有這種創作的原型了。

卡士達鮮奶油餡　Crème diplomate

　在卡士達奶油當中，添加了香醍鮮奶油或無糖打發鮮奶油後混拌製成。Diplomate在法語當中是外交官的意思。

●使用派麵團與卡士達奶油製作的糕點

千層派
Mille-feuille

派麵團 ＋ 卡士達奶油

　　Mille-feuille在法文中是千張葉片的意思，也可以說是折疊派皮麵團製作的糕點代表。薄薄的派麵團在擀壓烘烤後，成為多層重疊的口感是最大的特徵。這種點心據說也是安東尼・卡瑞蒙(→43頁)所創作出來。

派麵團(→40頁)

卡士達奶油　Créme pâtissière

　　直接翻譯的話，就是糕點師父的奶油餡，也是糕點製作上不可或缺的奶油餡。混拌了雞蛋、麵粉、砂糖、牛奶，藉由加熱使其產生黏稠感。

●使用泡芙麵團與卡士達奶油製作的糕點

奶油泡芙
Choux à la crème

泡芙麵團 ＋ 卡士達奶油※

※卡士達奶油或是卡士達鮮奶油餡

　　泡芙麵團中，填放入卡士達奶油或是卡士達鮮奶油餡，是糕點的招牌基本款。日本是從明治初期，法國糕點師Samuel Pale在橫濱開設的西式糕餅店內開始販售。

泡芙麵團　Pâte à choux

choux在法語當中是高麗菜的意思。傳說是烘烤完成，形狀看起來像高麗菜般，因此而命名。

據說是在16世紀左右，凱薩琳‧梅迪奇Catherine de Médicis的糕點師Popelin，將這種麵團由義大利帶至法國，之後才變化成填入奶油餡的型態。

卡士達奶油(→41頁)

卡士達鮮奶油餡(→40頁)

在泡芙當中填入餡料時，爲了做出入口即化口感的奶油餡，因此打發鮮奶油時，打發得稍軟一點是其要領。

●使用泡芙麵團與卡士達奶油、風凍糖霜製作的糕點

閃電泡芙
Éclairs

泡芙麵團　＋　卡士達奶油　＋　風凍糖霜

Éclairs在法語當中就是閃電的意思，泡芙上的裂紋看起來就像閃電的形狀，另外也有一種說法是，填滿了奶油餡的泡芙，美味到讓人就像電光石火般快速地吃掉，因此而得名。據說這種糕點也是安東尼‧卡瑞蒙※所創作。在法國的糕餅店中，這是固定有的招牌糕點。

泡芙麵團(→上述)

卡士達奶油(→41頁)

照片中的閃電泡芙填入了卡士達奶油，在上方的混拌了咖啡(咖啡粉或咖啡濃縮醬)，而前方的則是混拌了巧克力。除此之外，也可以試著以抹茶或糖杏仁等材料調配出不同的風味。

風凍糖霜　fondant

　熬煮以砂糖和水製成的糖漿，使其再結晶後的成品。在此，爲了配合餡料的風味，而添加了咖啡及巧克力。

※安東尼·卡瑞蒙(Antoine Carême 1783～1833)：法國料理師、糕點師。曾服侍過歐洲各地一流王公貴族，擔任料理長或總仕長發揮其強大的本領，創作出了許多料理及糕點。他的經驗及知識被收錄在許多書籍中，現在仍爲廣爲流傳。

●使用巧克力製作的糕點

巧克力糖
Bonbon au chocolat

甘那許 ＋ 考維曲

　巧克力糖指的是最具代表性的松露巧克力等，一口可食用大小的巧克力。本書當中，所介紹的是在甘那許外覆淋上考維曲的巧克力糖。

　至於名稱上的「bonbon」其實是擬聲語，就像小朋友一樣好吃到咋舌時的聲音。不止是巧克力，這個字也用於威士忌糖等糖果類的名稱。

甘那許　Ganache

　巧克力與鮮奶油混拌製成的巧克力奶油餡。

考維曲　Couverture

　Couverture，是由法語當中覆蓋的意思衍生而來的名字，是含較多可可奶油的巧克力。製作巧克力糖時，將這種巧克力融化後進行溫度調節的調溫作業，再覆淋在甘那許上。

● 使用蛋白霜製作的糕點

乾燥蛋白霜
Meringue sèche

法式蛋白霜

　製作法式蛋白霜，再絞擠出適當的大小，以低溫(100～130℃)烤箱烘烤至乾燥為止。想要在蛋白霜上添加香氣或顏色時，可添加杏仁粉或篩上糖粉後烘烤。除此之外，也可以在蛋白霜放涼之後，以巧克力裝飾表面。放入加了乾燥劑的密閉容器內，可以長期保存。

　此外，夾入了香醍鮮奶油的稱為香醍蛋白霜。還可以在香醍鮮奶油中添加咖啡風味來調配出不同口味。

　烘烤成乾燥的蛋白霜當中，還有以瑞士蛋白霜(Meringue suisse) (→201頁)製成。相對於以法式蛋白霜製成較易破碎的鬆脆乾燥蛋白霜，瑞士蛋白霜烘烤而成的特徵是較為硬脆的口感。

法式蛋白霜　Meringue française

　單純地提到蛋白霜，一般而言是指在蛋白中加入砂糖打發製成的法式蛋白霜。

　有種說法是蛋白霜是在1720年，由瑞士的糕點師Gasparini所製作出，而Meringue這個名字源自於當地的地名Mehrinyghen，或是瑞士位於Meiringen的糕點店而來，但不管是源自於當地地名或是糕點師Gasparini的獨創，至今還是無法確認。

　在法國，最初製作的是洛林地方的南錫，為了獻給美食家著稱的波蘭王---雷克欽斯基(Stanislas Leszczynski)而製作。

另外，瑪麗·安東妮(Marie Antoinette)在特里安農 (Trianon)宮殿內親自製作蛋白霜的故事也廣為人知。

慕斯
Mousse

Mousse在法語是氣泡的意思。基本的材料中加入了打發的鮮奶油，此糕點最具魅力的地方就在於因為含有大量的氣泡，而產生輕柔且入口即化的口感。

首先登場的是作為料理的慕斯，始於路易14時代，女性開始可以同桌用餐，在男性面前張開大嘴有所顧忌，因此，不需咀嚼、可以融於口中的料理應運而生。後來這種製作方式也開始使用於糕點上。

慕斯，其實沒有確切定義，添加蛋白霜的輕柔奶油、或打發得輕柔的奶油，冠上其名稱，藉由凝固劑使其凝固是最常見的作法。

本書當中介紹的是以海綿蛋糕體或塔餅等基礎材料，再利用搭配組合的奶油餡、水果或巧克力等材料，就可以製作出各式各樣的糕點。

慕斯的搭配組合範例　　　　　　　　　　　　　　　　　　　　　　　　　　　表1

基礎材料	打發鮮奶油※	義式蛋白霜	炸彈麵糊(→207頁)	明膠
英式奶油醬汁(水果的英式奶油醬汁、巧克力的英式奶油醬汁等)	○	隨意	×	○
水果果汁、水果果泥	○	○	隨意	○
巧克力	○	隨意	隨意	隨意

※打發鮮奶油：香醍鮮奶油或無糖打發鮮奶油

奶油圖鑑

●使用在新鮮即食
糕點的奶油

　麵團與奶油的搭配組合，可以調配出爲數眾多的糕點，但基本的麵團和基本的奶油餡數量卻相當有限。幾乎所有的搭配都是在基本材料當中，藉由添加不同的材料而使其產生變化。

　本書中在此介紹的是製作糕點時最不可或缺的奶油餡。奶油餡和麵團的組合，更能發揮出美味的效果，奶油餡可以提引出麵團的風味，而麵團更可增添奶油餡的魅力。

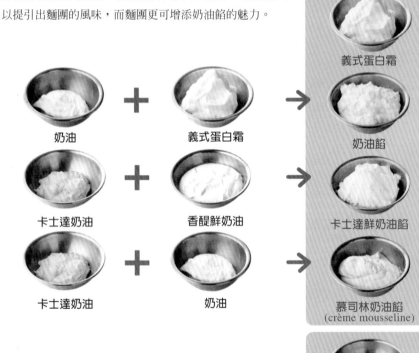

奶油　＋　義式蛋白霜　→　奶油餡

卡士達奶油　＋　香醍鮮奶油　→　卡士達鮮奶油餡

卡士達奶油　＋　奶油　→　慕司林奶油餡
(crème mousseline)

香醍鮮奶油

卡士達奶油

義式蛋白霜

奶油餡

卡士達鮮奶油餡

慕司林奶油餡
(crème mousseline)

●需加熱使用的奶油餡　＊填入塔餅中放入烤箱烘烤

杏仁奶油餡

卡士達奶油

杏仁奶油餡

卡士達杏仁餡

利用全蛋的發泡性製作

全蛋打發法海綿蛋糕麵糊

Pâte à Génoise

　草莓奶油蛋糕是大家都熟知膨鬆柔軟的海綿蛋糕。海綿蛋糕麵糊，製作方法有兩種，就是全蛋打發法及分蛋法(→86頁)全蛋打發法是以打發全蛋來製作，而分蛋法是將蛋白和蛋黃各別打發製作。首先，在第一章中先來談談全蛋打發法吧。

　雞蛋可以打發的性質，稱為「發泡性」，全蛋打發法海綿蛋糕麵糊就是利用這個性質，使得麵糊膨脹起來。蛋黃和蛋白同時打發製成的海綿蛋糕體，特徵就是口感綿密且具潤澤柔軟的口感。

　海綿蛋糕麵糊，不論是全蛋打發法或分蛋法，基本上雞蛋、砂糖和麵粉都是以同樣的配方來製作。在了解各種材料所擁有的特性後，若能應用在配方的變化上，就可以做出更多不同口感的蛋糕了。

　海綿蛋糕麵糊的製作方法中，充滿著製作糕點的技巧和基礎。特別是打發雞蛋的方法、混拌麵糊的方法，這些都是作業上非常重要的訣竅，所以請大家務必確實掌握。

全蛋打發法海綿蛋糕　基本的製作方法

[參考配方範例] 直徑18cm的圓形模1個的份量

蛋　150g(3個)

細砂糖　90g

低筋麵粉　90g

奶油　30g

準備

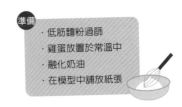

· 低筋麵粉過篩

· 雞蛋放置於常溫中

· 融化奶油

· 在模型中鋪放紙張

＊電動攪拌器使用具低速(1速)、中速(2速)、高速(3速)可三階段調整速度的機種。

＊烤箱會因機種及類型不同，烘烤的溫度及時間也會略有差異。

1

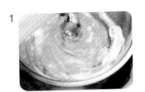

在鋼盆中放入雞蛋攪打，加入細砂糖混拌。隔水加熱溫熱並同時輕輕混拌材料。

2

溫度加熱至36℃時，停止隔水加熱，開始改用電動攪拌器的高速進行攪拌。

3

攪拌至中途時改為中速攪打，最後再切換成低速地打發雞蛋。

4

必須打發至舀起材料時，會如緞帶般流下的程度。

5

加入低筋麵粉，以刮勺混拌至粉末完全消失，之後繼續混拌數次(合計共約40次)。

6　將融化的奶油澆淋在刮杓上地加入麵糊中，混拌至奶油的油絲完全消失爲止，接著繼續混拌數次(合計共約30次)。

7　將麵糊倒入模型中，從距模型高約10cm處直接倒入模型內。以上火180℃、下火150℃的烤箱烘烤約30分鐘。烘烤完成後，連同模型在距工作檯約10cm高的位置輕輕敲扣，脫模後翻轉倒扣在網架上放涼。

●●●全蛋打發法海綿蛋糕　什麼樣的材料，各會有哪些作用呢？

1　為什麼會膨脹起來呢？

(1) 發泡的雞蛋中會飽含著空氣

飽含在雞蛋氣泡中的空氣，會在烤箱內升高溫度時產生熱膨脹，使得體積變大。

(2) 材料(主要是雞蛋)本身所含的水份

雞蛋等材料中所含有的水份，部份會在烤箱內升高溫度變成水蒸氣，而使得體積變大。

＊空氣上升1℃，體積就會較0℃時各膨脹1/273(在一定壓力的情況下，不考慮分子的大小及分子間相互作用的引力)。水變成水蒸氣時，體積約會變化成1700倍。這個數據雖然無法直接套用在海綿蛋糕麵糊的膨脹作用上，但可得知空氣和水各別會有如此的膨脹，因此可以想成這股力量會將具有黏性的麵糊推展壓出，使得麵糊因而膨脹鼓起。

2　賦予柔軟膨脹的軟綿及彈力並且支撐著膨脹的是什麼呢？

(1) 麵粉

① 澱粉

在烤箱內隨著加熱的時間變長，澱粉粒會吸收大部分雞蛋中的水份而越來越膨脹且變得柔軟，變成像糊狀的黏稠狀(糊化)。從這裡開始因水份某個程度被蒸發而烘烤完成，成爲膨脹起來的蛋糕體。這就是可以製作出柔軟口感的同時，又能柔軟地支撐著蛋糕體組織的原因，以建築物而言，就像是可以使牆壁更爲堅固的水泥作用。

② 蛋白質

打發的雞蛋混拌入麵粉，由蛋白質中產生具有黏性和彈力的麩素，彷彿包圍住澱粉粒子般地形成廣大的立體網狀。麩素在烤箱內因加熱而凝固，其作用在於連結麵糊並使其保有適度的彈力，也是使膨脹的麵糊不會萎縮的支撐用骨架，以建築物而言，麩素的作用就像是柱子般的效果。

另一方面，在製作時也必須考量到，若是麩素過多，也會造成蛋糕的膨脹狀態不良。

(2) 雞蛋

在烤箱內加熱，雞蛋的氣泡會膨脹起來，再持續加熱，氣泡膜會因而凝固，保持膨脹起來的形狀。這是因爲雞蛋中所含的蛋白質，因熱而凝固的緣故。

3 其他

(1) 砂糖

因具吸濕性所以能使蛋糕有潤澤口感，還能使雞蛋的氣泡膜不會被破壞，防止麩素的老化保持柔軟等作用。

* 海綿蛋糕麵糊中加入奶油，最大的目的是在於增添風味，也有時候不添加奶油。

●●●全蛋打發法海綿蛋糕　　在製作過程中的結構變化

1 加熱前的海綿蛋糕麵糊

在雞蛋中加入砂糖再進行打發時，可以產生無數的氣泡。這個時候砂糖會溶入雞蛋的水份中，具有使氣泡不易被破壞的作用。

接著再混拌麵粉，麵粉的粒子會分散於雞蛋的氣泡之間，在混拌結束時麵粉會因雞蛋的水份而變成糊狀，成為覆蓋在氣泡周圍的狀態。

糊狀材料中，麵粉的蛋白質吸收水份，產生的麩素會包覆在澱粉粒子的周圍，形成立體的網狀結構。

此時加入融化奶油，會分散在麵粉的糊狀中。

海綿蛋糕麵糊的周圍，會因接觸到烤箱內的熱空氣而使得溫度上升。初期階段，在麵糊表面製造出薄膜是非常重要的，因為這層薄膜可以在某個程度下封鎖住內部產生的水蒸氣，這也會影響到麵糊的膨脹鬆軟。

從麵糊的周圍熱傳導至中央部份的過程，會產生以下的變化。
· 雞蛋氣泡中的空氣因熱膨脹而體積變大，氣泡膨脹起來。接著隨著繼續加熱，氣泡膜會保持膨脹狀態並開始凝固。
· 麵粉當中的澱粉粒子會吸收水份而膨脹，開始產生糊化。麵粉的糊化會產生柔軟糊狀般的黏性，在雞蛋氣泡的周圍，與膨脹的氣泡一起延展開來。
· 糊狀麵糊中所含的部分水份，會因加熱而變成水蒸氣，使得體積增加，將那個部分的麵糊推展壓開，與雞蛋的氣泡同樣地在全體麵糊中膨脹起來。

隨著持續加熱後
· 麵粉當中的澱粉持續糊化，麵粉的糊狀柔軟地凝固起來。
· 麵粉中的麩素(網狀結構)，會因加熱而凝固支撐住膨脹起來的麵糊，成為麵糊的骨幹。

隨著加熱的持續進行，多餘的水份會排至麵糊外面蒸發掉。

●●●全蛋打發法海綿蛋糕　麵糊製作的基本

　　全蛋打發法海綿蛋糕麵糊，首先要打發雞蛋和砂糖，爲了能漂亮地膨脹起來，必須要攪打出非常多的氣泡。但因接著要依序放入麵粉和奶油混拌，所以雞蛋的氣泡有部份會破損。

　　因此，必須先決定烘烤前的麵糊當中，希望含有多少氣泡，而過程當中被破壞的氣泡量也必須加以計算，再依此計算來打發雞蛋。

●●●● 全蛋打發法與分蛋法的不同

　　海綿蛋糕麵糊，是在雞蛋中加入砂糖打發，再加入麵粉及奶油等製成。這時藉由雞蛋的打發方式，分成兩種製作方法。就是全蛋打發法和分蛋法(→86頁)。

　　全蛋打發法，是打發全蛋來製作。分蛋法則是各別打發蛋白和蛋黃後，再混合製作。兩者打發的雞蛋質感不同，這些差異與烘烤完成後各不相同的特色有密切的關係。

　　全蛋打發法，以刮杓舀起時，麵糊會滑順地流下，是高流動性的發泡狀態，烘烤出來綿密細緻具潤澤口感，可以感覺到恰到好處的彈性。

　　分蛋法，是以打發的蛋白為主。蛋白的氣泡量遠大於打發的全蛋，必須打發至蛋白呈直立尖角狀為止，所以相較於全蛋，是較為緊實堅硬低流動性的打發狀態。雖然同樣膨鬆輕軟，但麵糊的連結較弱，因此是較為乾鬆的口感。

　　因使用的海綿蛋糕麵糊不同，對於糕點的印象也會隨之改變。

全蛋打發法與分蛋法的差異　　　　　　　　　　　　　　　　　　　表2

全蛋打發法海綿蛋糕麵糊　　　**分蛋海海綿蛋糕麵糊**

 ＋

全蛋：平順光滑的發泡狀態　　蛋白：是較緊實硬挺的打發，　　蛋黃
　　　　　　　　　　　　　　氣泡量較多

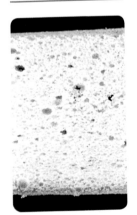

柔軟且具彈力的口感　　　　較為乾鬆的口感

打發全蛋時要如何做才比較容易打發？

 打發前先以隔水加熱法溫熱全蛋比較容易打發。

使用冷藏的雞蛋，蛋白即使花些工夫都可以打發，但全蛋就很難打發成想要的樣子。因為全蛋當中，蛋黃含有脂質，會使得氣泡較難形成，比打發蛋白更為困難。那麼要如何才能比較容易打發全蛋呢？

預先隔水加熱溫熱全蛋，即使用手攪打都可以攪打成發泡狀態。添加了砂糖的全蛋，在隔水加熱前是黏稠狀具很強的黏性，以攪拌器舀起時會沾黏在攪拌器的鋼線上，所以必須隔水加熱至黏性降低，流動性佳，幾乎不會沾黏在攪拌器上為止。

藉由這樣升高溫度，可以削弱雞蛋的表面張力，也可以更容易攪打出氣泡。

…219～222頁

隔水加熱前(剛從冰箱拿出來時)　　隔水加熱後

＊ 表面張力一般會以高低來形容，但本書當中為使讀者更能理解，故以強弱來表現。

雞蛋呈黏稠狀，以攪拌器舀起時會沾黏在鋼線上。　　流動性變好，以攪拌器舀起時幾乎無法舀起任何材料時即可。

 全蛋中加入砂糖隔水加熱時，為什麼要用攪拌器混拌呢？

 是為了要能均勻傳熱。在以手打發時，與其說是輕輕混拌，不如是從這個階段就開始打發，更可以輕鬆地完成。

全蛋用隔水加熱法加溫時，要以攪拌器輕輕混拌的理由有3個。

① 均勻地傳熱

② 能使蛋白間的連結變得較容易切斷，使得雞蛋的彈性更為鬆散，當停止隔水加熱時也會變得更容易打發。

③ 使砂糖更易於溶化

另外，以手打發時，攪打發泡的能力會低於電動攪拌器，也會更花時間，因此在停止隔水加熱至開始打發之間，雞蛋的溫度一旦下降就很難完全打發。因此，在隔水加熱時就開始輕輕攪打會比較好。打發方式與蛋白的要領相同，是使其飽含空氣地打成發泡狀態(→89頁)。

製作全蛋打發法海綿蛋糕麵糊時，在全蛋中加入砂糖，隔水加熱至幾度最好呢？

依本書的配方，大約加溫至36℃左右。

雞蛋的溫度會影響烘烤完成時的狀態

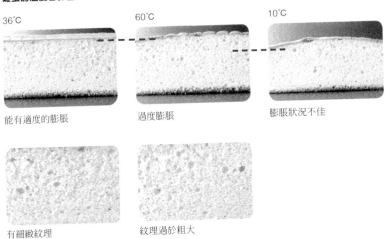

36℃　能有適度的膨脹

60℃　過度膨脹

10℃　膨脹狀況不佳

有細緻紋理

紋理過於粗大

在打發全蛋前，先以隔水加熱減弱全蛋的表面張力，就可以讓雞蛋更容易打發，這個剛剛提過了。

例如，爲使海綿蛋糕麵糊能更適合用於鮮奶油蛋糕，要做出更綿密細緻的紋理，入口即化的口感，本書中的參考配方(砂糖是雞蛋重量的60%)，雞蛋加溫至36℃最適合。

特別是以手工打發，隔水加熱時周圍的水溫可以到達約60℃左右。不需要擔心雞蛋會因隔水加熱而凝固，而且在加溫至36℃前，就已經可以打發至某個程度了。

　　另一方面，當雞蛋加溫至更高的溫度，會變得更容易打發，同時每一個氣泡都變得很大，增加打發時的體積。這樣會導致過度膨脹而使得麵糊內的紋理過於粗大。

STEP UP 加熱全蛋的溫度

　　本書的參考配方，雖然雞蛋隔水加熱約36℃，就能打發雞蛋，但這個溫度也只是參考而已。會因為砂糖的配方用量、攪拌器的攪打力(攪拌力)，以及雞蛋的鮮度和室溫狀態等，而影響改變雞蛋的打發程度，因此雞蛋的隔水加溫必須配合當時的情況，以36℃為基本參考值地加以調整。

1　砂糖的配方用量

　　雞蛋中的砂糖用量越多，就越容易打發雞蛋。

　　相對於雞蛋，砂糖用量是雞蛋重量70%以下的配方時，可以36℃為參考標準地隔水加溫，但砂糖的配方相對地更高時，可以稍將溫度調高至40℃左右。

2　攪拌器的攪打力(攪拌力)

　　雖然以電動攪拌器或手動攪拌時，最適合的雞蛋溫度是36℃左右，但使用攪打能力較好的電動攪拌器時，加溫的溫度可以調整成稍低的溫度。

3　雞蛋的鮮度

　　雞蛋的鮮度較差時，蛋白的彈力較差，會更易於打發。因此加溫的溫度也可略微調低。

4　室溫

　　室溫較低時，停止隔水加熱的雞蛋，還在攪打初期，溫度就會降低而使得雞蛋變得不易打發，因此雞蛋可以用稍高的溫度加溫後再進行攪打。反之，夏天或室內溫度較高時，則可以將溫度略微調低。

參考…218頁 / 225〜226頁 / 228頁

Q 以手持電動攪拌器將全蛋打發成細緻發泡時，
★★ 用什麼樣的速度攪打比較適合呢？

A 以高速→中速→低速的變化來進來打發。

雞蛋最理想的發泡程度，是全體有膨大感，並且氣泡呈現小而細的狀態。這種發泡狀態的雞蛋，製作海綿蛋糕，烘烤完成的口感就會綿密細緻。

手持電動攪拌器或桌立式電動攪拌器，改變速度進行攪打，就會打出大小不均勻的氣泡。以高速攪打，雞蛋會飽含空氣形成較大的氣泡；以低速攪打，因空氣不易進入其中所以氣泡較小。此外，即使打出了較大的氣泡，也會在持續攪打中因接觸到攪拌器的鋼線而產生分化，變成較小的氣泡。

將這些特性加以活用，以高速再改為中速，最後以低速的三階段式調整攪打速度，就可以在最初時增加氣泡量，增加全體的膨脹，接著再將其打發成均勻細緻的氣泡。

攪打速度不同所造成全蛋氣泡的差異　　　　　　　　　　　　　表3

攪打速度	氣泡大小	氣泡的安定性
高速	大	不佳(易於崩壞)
低速	小	好(不易崩壞)

手持電動攪拌器的速度調節和發泡狀態

高速

高速攪打

雖然看起來體積迅速變大，
但氣泡粗大

顯微鏡照片

最初以手持電動攪拌器開始高速攪打，不需在意氣泡粗大地攪拌使體積迅速變大。確認體積增大後，將速度調為中速繼續攪打

中速

調整爲中速攪打

全體的顏色變得較白，且氣泡變小

顯微鏡照片

因空氣不易進入氣泡中，所以新增的氣泡變小。同時大的氣泡也因分化而變小，隨著雞蛋所含的空氣量增加，全體的顏色開始變白也出現光澤。確認狀態後，再調整成低速攪打。

低速

以低速攪打

氣泡非常小

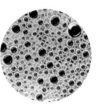

顯微鏡照片

氣泡被分化後變得越來越小。在這個階段因為新產生的氣泡非常小，所以蛋的全體體積不會再增加。

完成打發作業

氣泡變得更小且均勻

顯微鏡照片

＊顯微鏡照片中，是以全蛋：細砂糖＝1：0.7的配方，調整在30℃時以電動攪拌器開始進行高速攪打的狀態，以倍率200倍的鏡頭拍攝下來。

顯微鏡照片提供：キユーピー(株)研究所

STEP UP 雞蛋的打發，是均勻且極為細緻的

　　雞蛋氣泡的最佳狀態是細小且均勻的理由，是因為製作過程中氣泡較不易被破壞，可以烘烤出細緻綿密的口感。

1　氣泡較小會較不易崩壞

　　氣泡大的狀態較容易崩壞，而氣泡越小越不容易崩壞。接下來的作業，是在打發的雞蛋內混拌麵粉、奶油，對氣泡而言是很容易受損的狀況，這個過程中如果是小氣泡的話，就比較不會被破壞而能夠保持麵糊整體的體積。

2　如果氣泡小且均勻，可以保持在細小綿密狀態下完成烘烤

　　放入烤箱烘烤，麵糊當中如果含有大氣泡，大氣泡一旦接觸到小氣泡，會因氣泡內的空氣壓力不同，而使得大氣泡吸收掉小氣泡形成更大的氣泡。這個時候形成的大氣泡，在烘烤時就會形成蛋糕內的孔洞（空隙），成為紋理粗糙的海綿蛋糕。

　　氣泡如果大小均勻的話，就不會產生這種氣泡合體的狀況，可以在保持細小綿密的狀態下完成烘烤。

Q
★
添加麵粉前的全蛋必須打發到什麼樣狀態才好呢？辨視的方法。

A
舀起打發的全蛋，蛋液會像緞帶般寬幅地流至鋼盆內，
在盆內的蛋液上形成折疊狀態時就可以了。

完全打發　　　　　　　　　　　　　　　　　　　打發不足

以刮杓舀起時，像緞帶般流下呈折疊狀。　　以攪拌器舀起時。　　近似於液狀

　　雞蛋是否完全打發，由以下的3項條件來加以判斷。

① 顏色變白，氣泡小且均勻

② 以手觸摸鋼盆底部時，感覺不到溫熱

③ 以刮杓或攪拌器舀起打發的全蛋時，蛋液會像緞帶般寬幅地流至鋼盆內，或在盆內的蛋液上形成折疊狀態，再緩緩沒入蛋液當中。

STEP UP 打發狀態最簡單的確認方法

以本書參考配方，將牙籤插入打發的蛋液中約1.5cm，牙籤如果沒有倒下，即是完全打發的狀態。但相對於蛋液，如果砂糖的配方用量改變，請注意這個條件也必須加以修正。

打發全蛋時，為什麼需要觸摸鋼盆底部呢？

這是為了確認雞蛋的溫度。

攪打至發泡時，溫熱的全蛋液溫度變低，氣泡比較不易崩壞。因此觸摸鋼盆底部是為了確認溫度。全蛋液以隔水加熱來提升溫度，是為了減弱蛋的表面張力使其容易被打發，而可以將空氣打入蛋液中。

但相反地，這樣的性質也會讓打發的氣泡很容易崩壞。

因此在停止隔水加熱後再進行打發，至打發完成時，溫度也降低下來，讓打發的氣泡不易崩壞，這是最理想的狀態。據說這個理想狀態的溫度是25℃左右，就是觸摸鋼盆底部時，感覺不到溫熱的程度。

全蛋打發完成，如果溫度也降低下來，混拌麵粉時也比較不會破壞氣泡，可以保持麵糊的體積。

同樣地在混拌完麵粉及奶油時，麵糊的溫度保持在25℃前後，就可以在儘可能不破壞氣泡的狀態下進行作業。

表4

雞蛋溫度	雞蛋的表面張力	容易打發的程度	打發氣泡之安定性
略高的溫度	弱	容易打發	差(容易崩壞)
略低的溫度	強	不易打發	好(不易崩壞)

手持電動攪拌器打發時的考量

　　全蛋中加入砂糖隔水加熱後，以手持電動攪拌器打發，雞蛋的溫度變化、打發程度，與手持電動攪拌器的速度相互作用，就可以製作具有膨大體積，且細緻紋理不易崩壞的氣泡。

　　雞蛋的溫度，雖然在停止隔水加熱時是36℃，但在打發時能再低個10℃左右是最理想的溫度。

　　雞蛋溫度較高容易打發時，可以使用高速的手持電動攪拌器，儘量攪打出較大的氣泡，在此時迅速地增大體積，只是這種狀態下打發的大氣泡，不止因為大而容易崩壞，還因為溫度較高而容易被破壞，所以必須藉著打發作業的進行，使得氣泡變小成為不易崩壞的狀態。

　　手持電動攪拌器的速度由高速轉為中速、低速時，因轉動的速度降低而雞蛋的溫度也會隨之下降，這兩方面的條件同時作用，可以使空氣不易進入而形成較小的氣泡。雖然氣泡越小越不容易被破壞，但因為溫度的下降也使得雞蛋的表面張力變強，形成更不易崩壞的氣泡。

如何讓每次的全蛋打發都呈現相同狀態，辨視的方法？

固定打發的速度及時間。再量測比重就可以正確地完成。

　　用同樣的配方製作全蛋打發法海綿蛋糕，想要每次做出相同的成品，首先，必須保持全蛋是在同樣的狀態下打發。

　　決定溫熱雞蛋的溫度，正確地量測出是以什麼樣的速度和多少時間來打發，先決定固定的條件。

　　接著判斷雞蛋的打發程度、體積(膨脹程度)、色澤以及紋理(→58～59頁)，更確實的方法，可以用量測麵糊比重的方式來判別。所謂比重，就是以相同的體積來比較其重量，可依下列的算式求得比重。

比重＝重量(g) ÷ 體積(cm³)

　　對於想要每次做出相同成品的人而言，只要與最佳成品的比重相同即可(→68頁)。

　　本書的參考配方，打發雞蛋的比重在0.22～0.25範圍，就可以順利烘烤。試著量測比重，若比重過重，就是打發不足，打得更發泡後比重就會變輕了。

重量是在100cc(cm³)的杯子內，放滿一平杯來測定。

Q ★★ 常聽到要「大塊地切拌」麵糊，但卻無法順利地混拌。該怎麼混拌才好呢？

A 流動性較高的麵糊，適合用「以刮杓確實舀起麵糊地混拌」方式。

大塊切拌的方法，適用於流動性較低的麵糊(分蛋法海綿蛋糕麵糊等)之混拌。全蛋打發法海綿蛋糕麵糊因流動性較高，混拌的方式也不相同。

1 混拌麵糊時刮杓的動作

混拌像全蛋打發法海綿蛋糕這種流動性較高的麵糊時，感覺就像是「划船時，船槳在划水般」，刮杓的面以直立方式舀向麵糊後，通過鋼盆底部，翻轉手腕地縱向劃出圓形地翻動。如照片般一連串的作業不斷地重覆至麵糊完全混拌爲止。

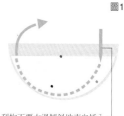

圖1

刮杓不要太過傾斜地直向插入

全蛋打發法海綿蛋糕麵糊的混拌方式

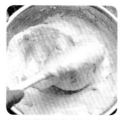

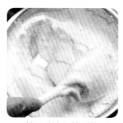

1 以刮杓舀向麵糊，通過鋼盆底部地推動麵糊。

2 沿著鋼盆的側面，將推出的麵糊向上舀起。

3 利用手腕翻轉刮杓再回到中心點。可以邊轉動鋼盆邊重覆這樣的動作。

2 不要切拌地以「推壓方式地混拌麵糊」

海綿蛋糕麵糊的製作方法，分成全蛋打發法及分蛋法(各別打發蛋白和蛋黃再混拌)，但全蛋打發法麵糊的特徵是，比分蛋法更爲柔軟，是高流動性的打發狀態。

打發的蛋液中加入麵粉的混拌作業，其實也可以說是將麵粉分散至雞蛋氣泡間的作業。

全蛋打發法海綿蛋糕麵糊，就是以刮杓舀動起無數多氣泡的麵糊，再使這些氣泡產生流動，而這些流動就可以將麵粉帶入到各氣泡間，使麵粉分散至其中。

　　另一種的分蛋法，是以乾性發泡流動性較低的蛋白霜(打發蛋白)為基底，無法同樣地以流動方式來混拌，因此必須彷彿切開麵糊般地混拌入麵粉(→95～96頁)。

　　像全蛋打發法這種流動性高的麵糊，即使可以用切拌方式，也會因為雞蛋的氣泡太大而使麵粉無法均勻混入，反之亦然。

STEP UP 混拌方法不同而衍生出的口感特徵

　　全蛋打發法是在流動性高的發泡蛋液中加入麵粉，以刮杓推壓般地加以混拌，使得麩素得以充分發揮作用，能感覺到麵糊的連結及柔軟的彈力，並烘烤出細緻綿密的口感。

　　另一方面，分蛋法因氣泡較多，而且是以較硬且低流動性的打發蛋白霜為基底，以切拌方式混拌麵粉，相較於全蛋打發法，麵粉較不易分散，麩素的網狀結構無法像全蛋打發法那麼容易形成。因此蛋糕體按壓後的彈性較低，口感上也較為乾燥鬆散，會烘烤成輕軟乾鬆的口感。

在打發的全蛋中加入麵粉，要混拌多久才適宜呢？

混拌至完全看不到粉類，之後大約還要再繼續混拌數次。

　　在添加麵粉之後，「不要過度混拌」非常重要。減少極度混拌的次數，利用刮杓確實地舀動麵糊混拌，必須意識到是將麵粉拌入其中地進行作業。

　　過度混拌時，會破壞蛋液中的氣泡，使得海綿蛋糕體的膨脹狀況變差。另外，若是成為麵糊骨架的麩素過多時，會妨礙麵糊膨脹而影響狀態。

　　因此，在添加麵粉之後，「混拌至完全看不到粉類，之後混拌數次」，是一個參考指標。

　　麵粉吸收雞蛋中的水份後，會因多次的混拌開始產生黏性成為糊狀，所以並不是在看不到粉類時就是完成混拌，必須要再多混拌數次才會恰到好處。以本書的參考配方來看，在加入麵粉後大約混拌40次左右。像這樣混拌時邊計算混拌次數，下次再以同樣配方製作，就可以做為參考了。

參考……238～239頁

海綿蛋糕麵糊，當麩素過多，烘烤時會導致蛋糕的膨脹狀況不佳。

烘烤前的海綿蛋糕麵糊，蛋液中有無數的氣泡重疊於其中，麵粉會呈糊狀地充滿在氣泡與氣泡間，彷彿包覆住氣泡。換句話說，就是麵粉糊當中，是含有許多雞蛋氣泡的狀態。

放入烤箱，蛋液氣泡內的空氣會因熱度而膨脹，再加上麵粉糊當中，水份變成水蒸氣而使得體積增加，致使麵糊整體膨脹起來。此時，麵粉糊若是夠柔軟，則氣泡及水份會伴隨著體積的增加而使麵粉糊也隨之展延開來，但若是麵粉糊的黏性過強，則會妨礙展延的動作而影響膨脹的程度。

麵粉中大約75％是澱粉，而糊狀主體就是澱粉。但是左右麵糊黏性強度的，卻是其中不滿10％的蛋白質所產生的麩素。

麩素，是由蛋白質吸收水份經過混拌後所形成，是具有強力黏性及彈性的物質。過度混拌，影響烘烤後膨脹狀態的原因，雖然最大的因素是蛋液中的氣泡被破壞了，但也可以說麩素過多時，使麵粉糊的黏性過強造成。

混拌麵糊的過程中，與其著眼於成為海綿蛋糕口感主體的澱粉，不如多留意未滿10％的蛋白質究竟產生了多少麩素，混拌的程度會影響麩素形成的數量。

 在打發的全蛋中加入麵粉混拌後，
如何判斷混拌是否已經完全？

 麵糊會出現光澤。
量測比重也可以正確地判斷。

正確混拌完成的麵糊狀態，可以由以下兩個重點來加以判斷。

麵粉完全混拌後，整體會產生流動性和光澤。

① 麵糊會產生光澤。

② 會比剛混拌至看不到粉類時，麵糊更具流動性。

以本書參考配方製作，這個階段的比重是0.27～0.35。

 最後加入麵糊中的融化奶油，應該要加溫至幾度比較好？

 約60℃。

油脂具有破壞雞蛋氣泡的性質。因此將奶油混拌至充滿氣泡的麵糊裡，理所當然必須是確實的攪動及迅速的混拌，當然奶油本身也必須先溫熱成液態，使其成爲容易分散至麵糊當中的狀態。下面再加以詳細說明。

1 融化奶油的溫度及分散性

融化奶油會因溫度而改變黏性。黏性較弱容易流動的狀態，就可以快速地混入麵糊中。

以低溫(30℃)融化的奶油，黏性較強較難分散於麵糊中，因此混拌的次數會增加而使氣泡被破壞，減少了麵糊的體積(膨脹程度)，影響到膨脹狀態。並且崩壞的氣泡會造成烘烤成品粗糙的口感。

融化奶油的黏性

低溫...黏性強，流動性差(黏稠狀) → 難以混拌至麵糊中

高溫...黏性弱，流動性佳(流動狀) → 易於混拌至麵糊中

2 烘烤前的麵糊溫度和雞蛋氣泡難以崩壞的程度

奶油的溫度，會左右烘烤前的麵糊溫度。

在這個階段，若是最後麵糊的溫度變高，則雞蛋氣泡膜的表面張力會變差，使得氣泡變得容易崩壞。

加入以高溫(100℃)融化奶油的麵糊，雖然在烘烤完成時仍可以保有其膨脹狀態，但因溫度會破壞氣泡，中間的紋理也會變得粗糙。

融化奶油混拌完成的麵糊溫度在25℃左右時，雞蛋的氣泡較不會被破壞。依本書參考配方，以60℃融化奶油，最後麵糊就可以控制在這個溫度範圍內，製作出綿密細緻且具彈力又柔軟的蛋糕。

表5

融化奶油的溫度對烘烤所造成的影響

奶油溫度	60℃(參考配方)	低溫(30℃)	高溫(100℃)
	![][img]	![][img]	![][img]
體積(高度)	適度	稍低	適度
紋理	細緻均勻	粗糙	粗糙
硬度	具彈力且柔軟	硬	無彈力的柔軟

Q 融化奶油加入麵糊時，為什麼必須將奶油澆淋在刮杓上再加入其中呢？

A 因為將融化奶油均勻地倒在麵糊表面，可以比較容易混拌。

　　將融化奶油倒入海綿蛋糕麵糊，會因加入的方法而有易於混拌及不易混拌的差異。沒有混拌均勻就開始烘烤，奶油會沈澱在下方。

　　那麼就來說明一下均勻混拌奶油的方法吧。開始混拌的階段，為了使奶油能均勻廣闊地加入，所以將奶油澆淋在放置距麵糊較近的刮杓表面，奶油可以均勻地浮在全體麵糊表面流入其中。如此一來，就可以用最少的混拌次數使奶油均勻分散在麵糊中。

　　相反地，若是融化奶油直接倒入同一個位置，倒入位置的氣泡會被破壞，而且奶油會沈澱至麵糊底部，變得難以混拌。

　　除此之外，也可以取少量的麵糊加入放有融化奶油的鋼盆中，混拌完成後，再倒回全體麵糊中混拌。

　　融化奶油與麵糊因比重與質感都相當不同，所以不容易混拌，所以先取少量與另一種材料拌勻，就會比較容易溶於其中完成混拌。

參考…96頁

融化奶油的混拌方法

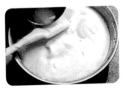

1 先澆淋在刮杓上。

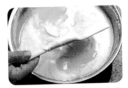

2 再均勻廣闊地分散在全體麵糊表面。

3 混拌。

失敗例 奶油的注入方式

直接倒入同一個位置時會沈至下方。

失敗例 烘烤完成

奶油沒有均勻混拌即進行烘烤的海綿蛋糕底部。奶油沈澱在底層。

標準例

標準的海綿蛋糕底部。

其他的混拌方法

1 取少量的麵糊放入融化的奶油中。

2 充分混拌。

3 再將其倒入其餘的麵糊中混拌。

在麵糊中加入融化奶油後，必須混拌到什麼程度才可以呢？判斷的標準。

至融化奶油的細絲完全看不見之後，再混拌數次。

　加入融化奶油後，迅速混拌至融化奶油的細絲完全看不見，之後接著再混拌數次，才能使其均勻分散。以本書參考配方，在加入奶油後，大約混拌30次左右。

　麵糊中加入融化奶油後，過度混拌或混拌時間過長，都會因奶油的油脂而使得氣泡逐漸被破壞。如此一來，麵糊就會有些泛黃，以刮杓舀起時流動的速度會很快。這樣的麵糊即使烘烤後也不會膨脹。

混拌完成時，最適度的麵糊硬度。

麵糊混拌程度會影響烘烤完成的狀態

表6

適度混拌的麵糊	過度混拌的麵糊
· 具有膨脹感 · 含有氣泡所以顏色略白 · 流動性低比重較重 	 · 氣泡被破壞使得體積的(膨脹)減小 · 被破壞而變大的氣泡浮出麵糊表面 · 麵糊的顏色泛黃
烘烤完成時膨脹狀態良好 	 烘烤完成時的膨脹狀態不佳

＊適度混拌的麵糊比重是0.45，混拌過度的麵糊比重是0.6。

 麵糊完成時的最後比重，多少才適當？
比重不同時烘烤完成也會不同嗎？

 以本書的參考配方，比重大約在0.45～0.5的範圍是最適當。

麵糊的比重會影響烘烤完成的狀態

表7

比重0.45	比重0.5	比重0.45	比重0.5
膨脹高度略高	膨脹高度略低	 輕柔的口感	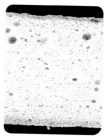 具有彈力的厚實口感

　　所謂的比重是指同體積的重量比。可以說海綿蛋糕麵糊比重值越小，所含的氣泡越多。最後麵糊比重不同來烘烤，完成時的膨脹感和口感也會因而不同。

本書的參考配方，混拌至麵糊的比重為0.45～0.5，就可以烘烤出細緻的口感。話雖如此，比重0.45與比重0.5烘烤出來的口感還是有其差異。

比重0.45的膨脹較高、口感輕柔，而比重0.5的膨脹較小、中央較為緊實按壓後較有彈力、口感也較為厚實。可以依照想要的烘烤成品來決定要混拌到什麼程度。

STEP UP 混拌次數與麵糊的比重

海綿蛋糕麵糊製作，雞蛋打發時的氣泡，最後殘留得越多所含的空氣相對較高，麵糊的比重也會較輕。

若想烘烤出膨脹很高且輕軟的蛋糕，就必須很確實地打發雞蛋，最後混拌成比重較輕的麵糊。因為混拌麵粉、奶油、雞蛋的氣泡會逐漸地被破壞，所以要製作比重較輕的麵糊，要儘量地減少混拌的次數完成麵糊。

若混拌次數較多，氣泡被破壞、比重變重，烘烤完成的膨脹程度就會較低。而且混拌次數越多，麩素也會隨之產生，所以按壓後回復的彈力也越強。

製作海綿蛋糕麵糊，混拌至加入的材料完全均勻，混入後還要混拌多少次？什麼材料要以什麼樣的方式混拌？在混拌完成時比重大約是多少呢？利用這些重點就可以做出自己想要的蛋糕。

另外，想要每次都做出相同狀態的糕點，可以將理想完美成品，製作時的混拌時間、次數以及混拌完成時的麵糊比重等資料記錄下來。同一個人以同樣混拌時間及次數來製作，就可以製作出相同狀態的糕點。初期，可能需要每次量測比重，這是非常有助於判斷混拌程度的方式，漸漸地多做幾次有了手感之後，只要偶而量測確認就可以了。

麵糊比重的標準(以參考配方為例) 表8

	混拌標準	比重
雞蛋打發完成	手持電動攪拌器或桌上型電動攪拌器：高速→中速→低速(因機種不同時間也略有不同)	0.22～0.25
麵粉混拌完成	橡皮刮刀：共40次	0.27～0.35
奶油混拌完成	橡皮刮刀：共30次	0.45～0.5

參考…60～61頁、238～239頁

全蛋打發法海綿蛋糕

以圓模烘烤海綿蛋糕，由烤箱取出後立刻將模型從距工作檯10cm處敲扣至工作檯上。目的是藉由衝擊的力量使蛋糕內的水蒸氣能更快速地排出。

若先有敲扣的的動作，就可以防止烘烤完成的蛋糕在冷卻過程中，造成中央部份的下陷。剛烘烤完的海綿蛋糕內部，充滿著水蒸氣，當中的組織是非常柔軟，容易塌陷的狀態。

因此，容易因蛋糕體的重量而朝向重力方向塌陷。這個時候，即使表面冷卻了，但烘烤得比表面略硬的底部上方，也同樣會塌陷。

順道一提的是，依糕點的用途不同，海綿蛋糕也有可能會在烤盤上烘烤成薄片狀，這個時候即使沒有在工作檯上敲扣，也不會塌陷。同樣容積的海綿蛋糕麵糊，越是以圓形模般表面積較小、較深的模型烘烤，內部當中的水蒸氣也會越不容易排出，所以烘烤完成的海綿蛋糕就越需要敲扣，但以烤盤烘烤，因蛋糕體的表面積大且薄，因此蛋糕內部的水蒸氣，在蛋糕冷卻的過程中，就會自然排出而不會留在蛋糕內部，因此沒有敲扣的必要。反而是在蛋糕冷卻過程中，必須注意避免蛋糕過於乾燥。

失敗例

沒有先在工作檯上敲扣，直接冷卻的蛋糕，表面會向中央下陷。這就是表面冷卻後的蛋糕。　底部朝上冷卻後的蛋糕。

＊上面的照片，是為了讓大家看到排出水蒸氣的重要性，因此從模型放入烤箱開始至蛋糕拿出烤箱為止的過程，都盡可能減少震動來製作，所以蛋糕的塌陷程度較大。實際上操作，放入或取出烤箱，或多或少會震動到蛋糕，也可以排出部份水蒸氣。

全蛋打發法海綿蛋糕

STEP UP 蛋糕體下陷的原因

　　以烤箱烘烤海綿蛋糕，首先麵糊表面會因加熱而形成薄膜。接著熱度會傳至麵糊內部，氣泡內的空氣也會因熱度而膨脹，麵糊中的水份變成水蒸氣而使得體積增加，並且開始膨脹起來。此時水蒸氣雖然會有向外排出的傾向，但因表面有薄膜而側面及底部有模型而使得水蒸氣無法排出，某個程度會被封鎖在蛋糕體當中，而使體積膨大。再繼續加熱，最後水蒸氣仍會向外排出，所以會變得較為乾燥完成烘烤。

　　話雖如此，剛烘烤完成的蛋糕體內，還是充滿著未能完全排出的水蒸氣。特別是因為麵糊是由外側受熱烘烤，所以即使蛋糕體周圍確實烘烤成固體形狀，但最後才烘烤完成的中央部份，多少還是會有水蒸氣的殘留，所以中央部份仍是柔軟且容易塌陷的狀態。雖然蛋糕體外側充分烘烤完成的部分可以支撐，但蛋糕體內部的水蒸氣在冷卻過程中，某個程度會流失排出，因此烘烤完成，非常乾燥的蛋糕體外側，也有可能會因內部水蒸氣的排出而變得濕軟。

　　如此一來，不止是蛋糕體表面的中央部分變軟，連蛋糕體外側的支撐力也會變差，這就是水蒸氣沒有及早排出，而造成的蛋糕體塌陷。除此之外，側面中央部分也會因內部組織向下陷而多少會有塌陷(折腰)的狀況。

　　烘烤完成之海綿蛋糕表面，為什麼會產生皺摺呢？

　　烘烤過度或烘烤不足是最主要的原因。

　　由外觀就可以知道烘烤良好的海綿蛋糕，表面沒有皺摺，蛋糕體也不會有萎縮的狀態。烘烤後有萎縮或皺摺的產生，是由以下原因所造成。

① **烤箱的溫度太低**

② **長時間烘烤過度**

③ **烘烤不足**

④ **比重過輕**

　　烤箱的溫度太低，不容易烤熟，所以烘烤時間必然會過長，而水份也會因而蒸發而使得蛋糕體縮小。

並且，烘烤不足，水份的蒸發不完全所以蛋糕體的組織還十分柔軟，一旦拿出烤箱溫度下降，氣泡中的空氣或水蒸氣的體積變小，但組織仍是被撐開的，就會產生塌陷。

比重過輕，雖然很多氣泡會膨脹得很大，但因混拌的次數太少，可以成爲蛋糕體骨架的麩素量也較少，而難以撐起膨脹起來的蛋糕體。因此在冷卻過程中，膨脹狀態會逐漸減低進而在表面形成皺摺。

烘烤過度及不足時

失敗例

標準例

烘烤過度。長時間的烘烤會使水份蒸發而產生萎縮的狀態。

烘烤不足。因蛋糕體組織沒有完全烤熟，因而塌陷。

全體呈現均勻的膨脹狀態，表面也沒有皺摺。

 海綿蛋糕在烘烤完成後，爲什麼要倒扣冷卻呢？

 爲使蛋糕體的紋理均勻一致。

烘烤完成的海綿蛋糕斷面上，可以看得到因雞蛋的氣泡及蛋糕體中的水份，膨脹起來的痕跡，就是細緻的氣泡(小孔)。將烘烤完成的蛋糕斷面放大來看，可以知道上層的氣泡較大，而中層的氣泡大小屬中等，下層的氣泡則變得較小，氣泡的細小程度是不相同的。這是因爲幾個原因所造成。

首先，烘烤過程中，雞蛋氣泡中的空氣會因熱度而膨脹，特別是變得大且輕的氣泡會使得周圍的麵糊也隨著輕易地向上移動。因此，較大的雞蛋氣泡有集中在蛋糕體上層的傾向。

另外，在下層內，因上方麵糊的重量，還有空氣及水蒸氣阻礙了膨脹而使得氣泡變小。

如果沒有將烘烤完成的蛋糕倒扣，而直接冷卻，下層的小氣泡會因爲重量而被壓垮，與上層氣泡產生更大的差異。

因此，烘烤完成後倒扣蛋糕，可以使小氣泡向上，同時還可以防止下層氣泡被壓垮，使得蛋糕內的氣泡紋理更加均勻。

而且倒扣，其實也可以使得蛋糕的表面更爲平整。

全蛋打發法海綿蛋糕

烘烤完成的海綿蛋糕斷面　　圖2

←上層
←中層
←下層

→上層：氣泡較大(比重較輕)...輕軟綿柔的口感
→中層：氣泡大小中等(比重在上層及下層之間)
→下層：氣泡較小(比重較重)...其中組織紮實，口感較硬

冷卻方法不同，蛋糕體的紋理組織差異

倒扣冷卻的蛋糕體　　　　沒有倒扣直接冷卻的蛋糕體

Q★★ 海綿蛋糕麵糊中的麵粉，為什麼使用的是低筋麵粉呢？

A 使用低筋麵粉才能夠產生膨鬆軟綿的膨脹狀態。

製作海綿蛋糕麵糊，麵粉中蛋白質所產生的麩素，質和量的不同，會影響到烘烤完成的膨脹狀態及質感。

麩素具有黏性及彈力，在麵糊當中彷彿包覆住澱粉粒般地形成一個立體的網狀。當產生的麩素較多，麵糊的黏性較強，烘烤過程中，氣泡內的空氣或麵糊中的水份膨脹起來，麩素就會成為其膨脹時的阻礙。

加上麩素加熱後會比澱粉更容易凝固，也是麵糊烘烤後變硬的原因。

高筋麵粉，會形成較多的麩素，而且最大的特徵是具有很強的黏性和彈性。

而低筋麵粉可以製作出最小的必要量，且黏性和彈力較弱的麩素，因此最適合用於製作柔軟有彈性的蛋糕體。特別是糕點專用的低筋麵粉，比一般的低筋麵粉所含的蛋白質量更少，粒子更細。

全蛋打發法海綿蛋糕

低筋麵粉與高筋麵粉烘烤完成的差異

表9

		低筋麵粉	高筋麵粉
成份	蛋白質的量	6.5～8.0%	11.5～12.5%
	麩素的量	較少	較多
	麩素的質	黏性和彈力較弱	黏性和彈力較強
烘烤完成時	體積	較大(容積較高)	較小(容積較低)
	口感的輕柔度	膨鬆綿柔的膨脹	沈重
	彈力	柔軟的彈力	彈力較強
	柔軟度	柔軟	堅硬
	濕潤度	濕潤	乾鬆

參考 …239～240頁

Q ★★ 要如何才能製做出膨鬆綿軟口感的海綿蛋糕呢？

A 將麵粉配方中的一部份，更換成澱粉製品。
成品會因澱粉而產生不同口感。

　海綿蛋糕，藉由糊化澱粉而製作出膨鬆的蛋糕體，蛋白質所形成的麩素會成為骨架，成為柔軟的彈力。

　想要製作出更加膨鬆軟綿的口感，有許多方法可行。想要稍稍減低咀嚼時的彈力，改變配方製作出更加強調蛋糕體鬆軟的口感，就是要減少蛋白質而增加澱粉量。

　首先，方法之一是可以使用蛋白質量較少的糕點用低筋麵粉。

　或是將部分的麵粉置換成澱粉製品，就可以烘烤製作出不同於麵粉的口感。

　適合用於海綿蛋糕麵糊的澱粉製品當中，有玉米粉(玉米澱粉)、澄粉(小麥澱粉)、米粉(米澱粉)等。

　依澱粉的種類，澱粉的形態、大小、吸水量以及吸水加熱後所產生(糊化產生)的黏性，還有烘烤放置後(老化後)的硬度也各不相同，因此使用的澱粉種類，會改變烘烤完成時的鬆軟口感及嚼感等。同時風味及香氣也會因而不同。

　為了能更加了解其中的差異，將本書參考配方的麵粉重量置換成100％和50％澱粉製品的配方，並記錄其口感的特徵。

另外，若麩素過少，麵糊的連接性會變差，入口會變得鬆散，所以還是必須瞭解到麩素在某個程度上仍不可或缺。

在實際操作上，必須將澱粉的替換量控制在麵粉份量的50％以內來製作。

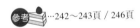

參考…242～243頁／246頁

根據不同澱粉烘烤完成時的比較　　　　　　　　　　　　　　　　　　　　表10

	左100%、右50%的置換	原料澱粉	口感
低筋麵粉(對照組)			
玉米粉		玉米	烘烤成體積膨大的外觀。鬆散的口感，感覺口中的水份都被蛋糕吸走般的乾燥。蛋糕體的連結差，放入口中就散開了。雖然鬆軟，但口感較硬
澄粉		小麥	入口就鬆散開來。稍有乾鬆的感覺。但較玉米粉柔軟
米粉		米	澱粉的黏性強，所以使用過多時反而會使得體積變小因而感覺口感較硬。但因具有彈力，所以相較於玉米粉和澄粉，口感沒那麼乾鬆。

＊米粉當中雖然含有約6%的蛋白質，但麩素的形成僅需要麵粉中的蛋白質，所以在此將其視爲澱粉製品來使用。

＊原本麩素較少，就會無法支撐膨脹起來的蛋糕體，所以烘烤完成後多少會有塌陷的傾向。

＊100%置換成澱粉製品，因不含蛋白質所以不易形成胺基羰基反應(Amino Carbonyl Reaction)，而不容易烘烤出色澤。另外，以麵粉來製作，因麵粉中含有類黃酮色素，所以看起來會比較黃，但澱粉中因沒有這個成份，烘烤起來的顏色會比較白。

＊剛烘烤後會感覺稍有潤澤感，將剛烘烤完的蛋糕組合製成糕點比較不符實際狀況，大約放置1天之後，待澱粉稍稍老化，口感特徵才會較明顯，所以應該放置1天後再來判斷成品的口感。

STEP UP 海綿蛋糕麵糊與麩素II／按壓後可再回復原狀的柔軟彈力

海綿蛋糕體，由麩素所形成，所以按壓後回復原狀的柔軟彈力是必要的。

烘烤前的海綿蛋糕麵糊，是由麵粉糊中無數的雞蛋氣泡所組合而成的構造。

烘烤完成的蛋糕體判斷可以看見許多細小的孔洞，這些就是氣泡內的空氣因熱膨脹，麵粉糊當中的水份變成水蒸氣，體積因而增加，將麵粉糊推壓開形成固態的痕跡，也是麵糊膨脹的證據。

這些小孔洞的周圍成固態後，膨脹形成的蛋糕體，糊化的澱粉可以在某個程度上支撐起膨脹的蛋糕體。如果以建築物來比擬，就像是牆壁中水泥的作用。所以爲使牆壁不致崩垮，麩素骨架必須確實撐開呈網狀結構。

因此，若僅是水泥壁面的堅固塗抹，確實可以形成建築物，但是卻非常容易崩垮。完全不含麩素僅只有澱粉的海綿蛋糕，即使體積膨脹起來，但入口後卻是鬆散的口感，完全沒有海綿蛋糕體中，按壓後回復原狀的柔軟彈力。這樣的彈力就是由麩素烘烤後所形成。

由以上的原因，海綿蛋糕的麩素，可以使澱粉糊化的蛋糕體不會鬆散崩垮，而能適度地形成連結，適度撐起膨脹的蛋糕體，形成食用時恰到好處的柔軟彈力，因此還是需要適度的麩素。

Q ★★ 　要如何才能製作出口感柔潤的海綿蛋糕呢？

A 　要增加麵糊的水份量。添加牛奶就可以簡單地提升風味。

　烘烤完成的蛋糕因含有較多水份，口感上可以更加潤澤。首先必須要增加水份，提高保水性。

1　添增水份

　在海綿蛋糕配方中，增加水份可以烘烤出更加潤澤細緻的成品。增加的水份，以能增添風味的牛奶最適合。牛奶可以與融化的奶油一起混拌加溫，最後均勻拌入於麵糊當中。此時的加溫，是為了使麵糊保持在25℃左右的範圍內，使氣泡保持在不易被破壞的狀態。

　以本書的參考配方來看，牛奶約添加30ml即可。而且不需要變化其他材料的配方。

　麵糊中的水份含量較多，單純地會有較多水份留下來。另外，烘烤完成時的細緻紋理也是特徵之一。

2　增加砂糖用量

　海綿蛋糕麵糊以烤箱烘烤，麵糊中部份的水份會蒸發。

　砂糖因具有保水性，所以只要增加砂糖的用量，就可以保持麵糊中的水份，烘烤成潤澤口感的成品。此外，也可以添加具有較強保水性的轉化糖製品。

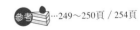參考…249～250頁／254頁

添加牛奶烘烤的比較

添加牛奶的海綿蛋糕（在參考配方中加入30ml牛奶）。氣泡較小紋理細緻。

 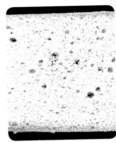

以參考配方製成的海綿蛋糕。

STEP UP 麵糊與澱粉／澱粉的糊化

海綿蛋糕麵糊，是利用約佔麵粉75%的澱粉吸收水份糊化，使其膨脹成爲蛋糕體。

海綿蛋糕體的外形，與澱粉的糊化、蛋糕骨架的蛋白質麩素，以及氣泡的大小都有關係。

而其中，關於麩素與雞蛋氣泡的形成，要混拌到什麼程度都會影響形成量，關於澱粉的糊化，只有糊化程度是與麵糊的製作方法無關，而取決於配方。

因此，製作麵糊，雖然相較於澱粉，必須更加留意麩素及雞蛋的氣泡，但在考慮配方，使澱粉糊化所需的水份用量也非常重要。

另外，不止是麵粉中的澱粉會吸收水份，麵粉中的蛋白質在形成麩素時，水份也是必備的，砂糖也會吸收水份。在海綿蛋糕配方當中，水份是由蛋液而來。雞蛋中的水份會被這些材料所瓜分。

水份量過少，澱粉糊化的水份不足，無法形成柔軟的口感，所以增加水份，可以讓澱粉吸收到較多水份，而形成柔軟的糊化狀態，烘烤完成時才能有柔軟的口感。

 可以用沙拉油等其他液狀油脂代替融化奶油嗎？

 使用沙拉油(液態油脂)，會使成品口感更輕柔。

一般製作戚風蛋糕，會使用沙拉油等液態油脂。因爲使用液態油脂可以製作出膨脹且輕柔的口感。用於海綿蛋糕麵糊時也是相同的作用。

使用沙拉油會形成良好的膨脹，有以下兩個理由。

1 不易破壞雞蛋的氣泡

沙拉油是液狀的，黏性較融化奶油低，可以更迅速地分散在麵糊當中。就可以減少麵糊的混拌次數，而不易破壞雞蛋中的氣泡，這就是能夠形成良好膨脹的原因。

2 賦予柔軟彈性，不會阻礙氣泡的膨脹

　　烘烤前的海綿蛋糕麵糊，是糊狀麵粉中存在著無數的雞蛋氣泡所構成的組織，油脂會在糊狀麵糊中分散。沙拉油黏性較融化奶油低，可以更有柔軟彈性。放入烤箱，雞蛋氣泡中的空氣及麵糊中的水份膨脹，體積增加並藉由這樣的動態使得麵糊展延而烘烤成較大的體積(容積高度)。

　　只是相對於乳製品的奶油，沙拉油是植物性油脂，所以無法製作出奶油的濃郁風味。

*沙拉油即使不加熱黏性也很低，爲了不使放入烤箱前的麵糊溫度降低，所以先溫熱後再使用。

使用沙拉油的烘烤成品

左：參考配方用量(使用奶油)
右：使用沙拉油

 想要製作甜度較低的糕點，
砂糖減量也可以製作嗎？

 砂糖用量減少，不只是甜度降低，
同時烘烤完成的潤澤度及體積也會隨之減低。

　　很多人會想要減少砂糖用量製作出有益健康的糕點，但砂糖的作用不僅只是在甜度上。

　　在海綿蛋糕麵糊中，減少砂糖用量的同，也會使得蛋糕不易膨脹並且減少了口感的潤澤度。

　　另外，改變砂糖用量，也必須考慮到雞蛋、麵粉配方的平衡。順道一提在本書的參考配方中，砂糖的設定是雞蛋重量的60%。讓我們一起來看看海綿蛋糕麵糊中砂糖的作用，以及當砂糖減量時所造成的影響。

1 海綿蛋糕麵糊中砂糖的作用

① 賦予甜味。

② 使雞蛋氣泡變小，不易崩壞。烘烤完成時能有細緻口感。

③ 具有保水性，可以使蛋糕烘烤後具潤澤的口感。

④ 可減緩澱粉老化，放置後仍能保持糕點的柔軟性。

2 砂糖減量時的影響

① 減少甜度。

② 雞蛋氣泡不易形成，或打發的氣泡容易崩壞。結果是蛋糕不易膨脹，蛋糕體積變小。崩壞的氣泡造成較大的孔洞，烘烤完成後內部紋理粗糙。

③ 烘烤完成，口感乾燥鬆散。

④ 隨著放置時間變長，蛋糕會變硬。

參考⋯225～227頁 / 242～244頁 / 252～254頁

砂糖份量減少時的烘烤成品		表11
	依照參考配方	將參考配方的砂糖用量減為1/2
打發的雞蛋狀態	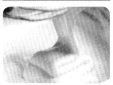 氣泡小且有光澤，形成具潤澤度的打發狀態，體積也變大	 氣泡較粗，氣泡是輕軟不緊實的狀態，體積並沒有變大
烘烤完成　體積	 良好的膨脹狀態	膨脹狀態不良
紋理	紋理細緻	紋理粗糙
潤澤度	有潤澤度	乾粗狀態
硬度	具有彈力的柔軟	柔軟狀態不佳

海綿蛋糕麵糊中，如果增加砂糖的用量，會有什麼影響嗎？

 會增加烘烤完成時的潤澤口感。

　　海綿蛋糕麵糊中的砂糖份量，可在雞蛋重量的40～100％之間做調整。在這個範圍內，增加砂糖份量，會因砂糖的保水性，而使烘烤完成的蛋糕更具潤澤口感。試驗性地試著將砂糖增加到150％，即使在烤箱中長時間烘烤，內部也仍是柔軟黏稠的狀態，無法完成烘烤。由此即可了解砂糖所具有的保水性。

 …252頁

砂糖份量為雞蛋用量的150％

表面變白也變得硬梆梆。這是因為過度飽和的砂糖由表面析出。

斷面。形成空洞，內部因砂糖的保水性，即使長時間烘烤，仍無法烤透地保持著柔軟狀態。

 使用上白糖來代替細砂糖，也可以製作出海綿蛋糕嗎？

 雖然可以使用上白糖，但風味和口感卻會因而不同。

　　雖然細砂糖和上白糖，主要都是由蔗糖所製成，但上白糖中含有大量的轉化糖。即使具有相同甜度的成份，因蔗糖和轉化糖的特質不同，比例上的差異就會影響海綿蛋糕完成時的狀態。

1　甜度的不同

　　首先，先來談談甜味的不同。蔗糖是砂糖甜度的主要成份，具有清爽的甜度。轉化糖是將蔗糖分解後，形成的葡萄糖及果糖的混合物，感覺到的甜味比蔗糖更甜，之後也會持續感受到甜味。

　　細砂糖幾乎都是由蔗糖所形成，具有蔗糖爽口的甜味是其特徵。

上白糖在製造過程中添加了轉化糖，所以其中含有數倍於細砂糖的轉化糖。因此相對於蔗糖當中僅只有微量的轉化糖，轉化糖持續的甜度，正是上白糖的特徵。

2 潤澤度及烘烤色澤的不同

接著就蛋糕的潤澤度、柔軟度以及烘烤色澤來比較看看。以下所列舉的全都是砂糖所擁有的特性，同時比較轉化糖及蔗糖，就可以很清楚知道這些性質的強弱及哪些是上白糖的特徵。

(1)保水性高

以烤箱烘烤海綿蛋糕，麵糊中部份水份會蒸發，但因砂糖中具有保水性，所以水份可以被持續地保持在麵糊中，烘烤成具潤澤口感的蛋糕。

轉化糖具有更強的保水性，所以海綿蛋糕麵糊使用上白糖會比使用砂糖更能做出潤澤的口感。

(2)延緩澱粉的老化

海綿蛋糕體會變硬，是因爲糊化膨脹起來的澱粉老化所造成。砂糖可以保持水份，藉由延緩澱粉的老化，使得海綿蛋糕體可以保持柔軟。這個性質上白糖比細砂糖更強。

(3)可形成漂亮的烘烤色澤

轉化糖比蔗糖更容易引起胺基羰基反應(Amino Carbonyl Reaction)，相較於使用細砂糖，使用上白糖更能烤出較深的烘烤色。

另外，在打發雞蛋，上白糖和細砂糖也有其不同之處。使用吸濕性較佳的上白糖，打發的氣泡較小同時也較不容易崩壞。只是微量的差別，實際作業上並不會有顯著的差異，但氣泡較細小，在混拌麵粉及奶油，會覺得氣泡較不容易消失。

若能了解這些特徵，將細砂糖置換成其他種類的砂糖，就可以活用其特徵而製成出不同特色的糕點。

參考…244頁 / 249～250頁

細砂糖與上白糖烘烤後的差異　　　　　　　　　　　　　　　　　表12

		細砂糖	上白糖
成份	蔗糖	99.97%	97.69%
	轉化糖	0.01%	1.20%
	灰分	0.00%	0.01%
烘烤完成	烘烤色澤	淡	深
	潤澤感	標準	更濕潤，觸摸時會黏手
	甜度	爽口的甜度	口中甜度持久

烤色的不同

左邊是細砂糖(顏色淡)。右邊是上白糖(顏色深)。

 Q 為什麼巧克力口味的海綿蛋糕，總是無法漂亮順利地膨脹呢？

 A 因可可粉當中含有油脂，會破壞雞蛋的氣泡，所以麵糊較不易膨脹。

　　海綿蛋糕麵糊中添加可可粉，因為考量到可可粉和麵粉同樣都是會吸收水份的粉類，所以將配方中部分的麵粉置換成可可粉，與麵粉一起過篩後混拌至打發的雞蛋中。

　　一般而言可可粉脂肪含量大約是22％左右(會因廠商製作而有不同差異)，混拌次數若與使用一般麵粉的海綿蛋糕麵糊相同，油脂會破壞雞蛋氣泡而使得膨脹狀態變差。所以通常必須要減少混拌次數。

　　另一方面，可可粉容易結塊，不易分散。

　　雖然可可粉容易破壞雞蛋氣泡，也會吸收麵糊中的水份使得麵糊不易混拌，但仍要每次都確實地舀起麵糊混拌，並以較平常更少的次數完成混拌。混拌後，因氣泡被破壞，必須快速儘早進行製作。

　　此外，混拌海綿蛋糕麵糊，也可以選擇脂肪成份較低的可可粉。

 參考…221～222頁

可可粉形成斑駁的塊狀

	添加可可粉的麵糊，混拌次數較平常混拌次數少(共30次)	添加可可粉的麵糊，混拌次數與平常混拌次數相同(共40次)
麵糊混拌完成		崩壞的氣泡浮出表面
烘烤完成		烘烤完成時體積較小

改變了海綿蛋糕配方，
有什麼樣的法則可作為增減的標準呢？

遵守雞蛋：砂糖：麵粉的配方，再依此改變份量即可。

不管是分蛋法或是全蛋法，海綿蛋糕麵糊的基本配方，全蛋：砂糖：麵粉的比例是1：1：1。以這個配方為基礎，來調整海綿蛋糕麵糊即可。

全蛋：砂糖：麵粉＝1：1：1是最重的麵糊，而最輕的麵糊比例是全蛋：砂糖：麵粉＝1：0.5：0.5。在這個範圍內，以全蛋為主地變化砂糖及麵粉的比例，此時砂糖與麵粉通常都以同樣的比例來變化，否則整體將無法取得平衡。

砂糖和麵粉的用量減少，會變得更輕更鬆軟，但另一方面內部的紋理較為粗糙，會失去潤澤的口感以及柔軟的彈力。

糊化麵粉中的澱粉，水份不可或缺，而麵粉的蛋白質在形成麩素，也必須要利用水份，除此之外，砂糖也會吸收水份。雞蛋的水份會被這些成份所瓜分，所以全蛋、砂糖以及麵粉的平衡非常重要。

全蛋當中，也有增加蛋黃以改變與蛋白間比例的方法。這個時候，必須考量蛋黃水份比蛋白少(→222頁)的條件，再決定配方。

　　奶油可以增添風味，也為了增加蛋糕的潤澤度而添加，但也有添加與否的不同作法。奶油的份量必須考量砂糖的用量來決定。砂糖的比例越高，雞蛋氣泡狀態也會越安定，因此就可以增加奶油的用量。使用全蛋打發法，奶油可加入約是砂糖的80％，而分蛋法，奶油添加砂糖用量的40％則是上限。

圖表1

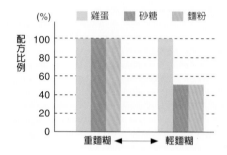

利用全蛋發泡性製作

分蛋打發法
海綿蛋糕

蛋白與蛋黃分蛋打發製作出來的分蛋法海綿蛋糕。麵糊擠出來後，撒上砂糖烘烤而成的手指餅乾(biscuits à la cuillère)，是分蛋法海綿蛋糕的代表。也可作為蛋糕捲等海綿蛋糕來使用。

分蛋法海綿蛋糕，是將蛋白打發成尖角狀再混拌上另外打發的蛋黃，再加入麵粉製成，雞蛋因蛋白打發成尖角狀的乾性發泡，所以相較於全蛋打發法，分蛋法麵糊的狀態，是可以被擠出來烘烤、稍具有硬度的麵糊，這是與全蛋法海綿蛋糕麵糊最大的不同。

添加麵粉後麵糊以「切拌」方式來混拌也是重點，利用這個混拌方式就可以製作出鬆軟的蛋糕。

分蛋法海綿蛋糕麵糊　基本的製作方法

[參考配方範例] 30 X 40 cm的烤盤1個的份量

蛋黃　60g(3個)
細砂糖　50g

蛋白　90g(3個)
細砂糖　40g

低筋麵粉　90g

準備
・低筋麵粉過篩

＊ 使用手持電動攪拌器。

＊ 烤箱因機種及形態的不同，烘烤溫度及時間也會略有差異。

1

在鋼盆中放入蛋黃和細砂糖，攪拌打發至顏色變白。

2

以手持電動攪拌器將蛋白打散，打發。邊打發蛋白邊分三次添加細砂糖，製作出蛋白霜。

3

在2的蛋白霜中加入1的蛋黃，再以橡皮刮刀混拌。

4
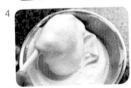
混拌的狀態。

5

加入低筋麵粉，混拌至粉類完全消失後，再持續混拌數次。

6

將麵糊絞擠在紙上。或是舖了紙的烤盤上。視狀況需要時篩上糖粉。

7

以上火180℃、下火160℃的烤箱烘烤10～15分鐘。烘烤完成後，從烤盤上取下放在網架上冷卻。

●●●分蛋法海綿蛋糕麵糊　什麼樣的材料，各會有哪些作用呢？→49頁

●●●分蛋法海綿蛋糕麵糊　在製作過程中的結構變化→50～51頁

●●●分蛋法海綿蛋糕麵糊　麵糊製作的基本

　　分蛋法海綿蛋糕麵糊，是以打發的蛋白(蛋白霜)爲基底。蛋白中加入砂糖打發，因打發時使其飽含許多氣泡，而形成堅實的打發狀態。添加蛋黃及麵粉，儘可能不破壞氣泡地混拌，就可以烘烤出膨脹且鬆軟的蛋糕。

　　打發蛋白相較於打發全蛋，流動性較低，添加麵粉混拌，麵粉也較難分散在蛋白的氣泡與氣泡之間，因此要利用刮杓以切拌的方式混拌入麵粉。藉由如此的混拌方式，結果會比全蛋打發法更不容易形成麩素，麵糊間的連結性較差，最大的特徵是烘烤出的蛋糕口感較爲鬆散(→61～62頁)。

分蛋法海綿蛋糕麵糊　Q&A

 打發蛋白，冷藏雞蛋和常溫雞蛋，
要使用哪一種比較好呢？

 使用充分冷卻的雞蛋可以打出
較細緻而且緊實的蛋白霜。

　　打發蛋白，要使用冰箱內冰涼的雞蛋。因為蛋白溫度越低，越能打出細緻堅實的氣泡。

　　而全蛋打發，因為蛋黃中的脂質會抑制蛋白發泡，所以用常溫或隔水加熱地提高溫度可以減弱表面張力，較容易打發。

　　蛋白中因為不含脂質，所以即使是冰冷的狀態也可以打發。

*表面張力一般會以高低來形容，但本書當中為使讀者更容易理解，故以強弱來說明。

 …53頁 / 219～222頁

 蛋白為什麼要先打散之後再開始打發呢？

 如果沒有先將蛋白中稠狀連結切斷打散的話，
就無法全體均勻打發。

　　蛋白當中有著稠狀具黏性的濃厚蛋白及液狀的水樣蛋白。若沒有將此二者打散就直接進行打發作業，黏性較低的水樣蛋白會先打發，使得整體無法均勻打發。

　　所以，打發前必須要先將蛋白打散，切斷濃厚蛋白中的稠狀連結。

　　攪拌器在蛋白中左右移動，以攪拌器上的鋼絲切斷濃厚蛋白的稠狀連結。使用電動攪拌器，因打發的力道(攪拌力)較強，在蛋白中加入部分用量的砂糖，在尚未打發的狀態下，以低速混拌打散即可。

…217～218頁

Q 請傳授正確打發蛋白的方法。
★

A 以手打發，必須讓空氣容易進入材料中地搖動攪拌器。
使用手持電動攪拌器或桌立式電動攪拌器，
應配合打發的階段邊調整速度邊打發。

以手打發蛋白，或是以手持電動攪拌器、桌立式電動攪拌器，會因其狀況而各有不同的打發要領。

以手打發蛋白，爲使空氣可以進入蛋白中，攪拌器必須以畫圓方式搖動，儘可能讓空氣容易進入蛋白地進行打發作業。蛋白當中的蛋白質接觸到空氣後，會變得較容易凝聚進而產生氣泡，所以打入大量空氣非常重要。輕輕握住攪拌器，利用手腕的快速轉動，使攪拌器像是敲打在鋼盆般的方式，就可以順利地攪拌。

利用手持電動攪拌器或桌立式電動攪拌器，最開始以高速攪打至打發，打發至體積變大至某個程度後，改以中速攪打，最後再轉換成低速，就可以製作出均勻細緻的氣泡。

以手打發蛋白的攪打方式

參考…223～225頁

圖3

傾斜鋼盆，集中蛋白。打蛋器劃過蛋白穿透至空氣中。如箭頭般地以描畫圓形般不斷持續攪動，使空氣進入蛋白中。

Q 打發蛋白，爲什麼砂糖不一次加入
★★ 而要分成三次逐次加入呢？

A 相較於一次全部加入，分成三次加入可以產生更多的氣泡，
海綿蛋糕麵糊烘烤後，也可以烤成更膨鬆輕軟的蛋糕。

打發蛋白，氣泡量及質感會直接影響海綿蛋糕烘烤完成時的口感。因此烘烤後，完成的膨脹狀態及口感，都是打發蛋白這個階段很重要的考量。

打發蛋白，也必須要考慮到添加砂糖時所造成的影響。在蛋白中加入砂糖，蛋白的水份會被砂糖所吸收，使氣泡膜不易被破壞，可以成爲更安定的狀態。相反地，砂糖也有抑制蛋白中蛋白質的空氣變性，使得蛋白不易被打發。

因上述的理由，所以即使依照配方用量來添加砂糖，會因為打發階段不同，以及添加的份量而造成打發體積(氣泡量)和內部細緻程度(氣泡大小)的差異。

1　在最初階段就加入全部用量的砂糖

在最初階段添加了全部用量的砂糖，會比分成三次加入更不容易打發，在這種狀況下攪打，開始時很容易產生小小的氣泡，雖然可以得到細緻的氣泡，但體積(打發膨脹)卻較小。

最初階段中加入全部用量的砂糖，在抑制打發的狀態下打發。

在空氣不易打入材料的狀態下打發，所形成的氣泡較小。

持續進行打發作業，原先打發的氣泡會因攪拌器上的鋼線，被分化成更小的氣泡。變成被分化的氣泡與新攪打出的氣泡混合在一起的狀態。

打發完成，全都是小氣泡，整體的體積較小(膨脹較低)。可以打出細緻綿密且紮實的氣泡。

2　在打發過程中，分三次添加砂糖攪打

相同用量的砂糖分三次，每次各添加1/3，是為了使其容易打發，相較於一次加入全部用量的方法，可以打出更大量的氣泡，體積也更大。

最初階段不加砂糖，在容易打發的情況下開始攪打。大量空氣打入蛋白中，產生了很多大的氣泡。

打發至某個程度後，加入部分的砂糖繼續打發作業，重覆三次添加砂糖並打發的動作。隨著砂糖的添加，會因氣泡被抑制而產生新的氣泡，漸漸氣泡會越來越小。

同時在最初階段打發的大氣泡，會隨著持續打發，碰撞到攪拌器的鋼線而被分化變成小氣泡。

與在最初階段添加全部砂糖用量的作法相比，最後氣泡量較多，整體的體積較大(膨脹較高)，氣泡大小也稍大一些。含有大量的空氣，所以可攪打出輕柔的氣泡。

想要烘烤出細緻柔軟的海綿蛋糕，可在最初階段加入全部的砂糖打發成蛋白霜來使

用。若是想要烘烤出膨鬆輕軟的口感，可以利用分三次加入砂糖製成的蛋白霜。本書的參考範例是以後者的作法。

參考 …225～226頁

在蛋白霜中添加砂糖的次數對打發的影響

表14

	最初階段加入砂糖的蛋白霜	砂糖分三次加入的蛋白霜

打發時所需的力道	必須用手持電動攪拌器的高速才能打發	以手動的低速即可打發
打發的體積	體積較小(膨脹較低)	體積較大(膨脹較高)
氣泡大小	小	稍大
質感	紋理細緻緊實	鬆軟輕柔

烘烤完成後的比較

左：砂糖在最初階段完全加入的蛋白霜。右：砂糖分三次加入的蛋白霜。

＊圓形花嘴絞擠出來後烘烤而成的海綿蛋糕，底部也是相同麵糊烘烤疊放拍攝。

 在蛋白中分次加入砂糖打發，必須打發至什麼狀態，才適合加入砂糖呢？

 以手持電動攪拌器畫得出線條，或是拉起攪拌器時會產生尖角之後，再加入砂糖。

　想要製作出鬆軟輕柔的蛋糕，蛋白必須打發至體積變大。這個時候，先要打散蛋白再開始打發，之後再分成三次添加砂糖。

手持電動攪拌器打發，要在什麼時間點添加砂糖，可由下述兩個方法來判斷。

① 可以用手持電動攪拌器留在蛋白上的線條，以不同的線條狀態來分辨

② 用攪拌器拉起蛋白，會呈現尖角站立的程度。

使用本書的參考配方，打發至下述照片，就可以添加砂糖。

另外，即使是相同用量的砂糖分成三次加入，也會因添加的時間點，或是砂糖三次加入份量的差別，而產生不同的打發結果。

開始打發的最早階段就添加砂糖，或是添加較多砂糖，會使得早期階段形成不易打發的狀況，因空氣難以打入蛋白中，所以會打發成紋理細緻、氣泡量較少，滑順緊實的打發狀態。反之，稍晚加入砂糖，滑順及細緻的狀態較差，但卻可以打發成氣泡量較多的打發狀態。

請依自己想要完成的打發狀態，來調整添加的時間及分配每次的添加量。

打發蛋白，分三次添加砂糖的時間點

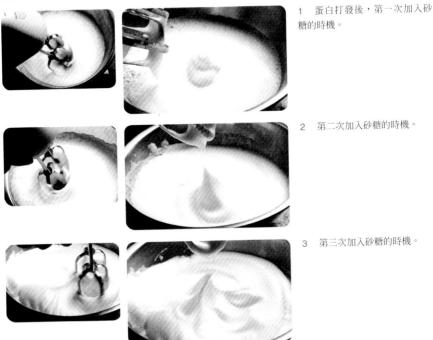

1　蛋白打發後，第一次加入砂糖的時機。

2　第二次加入砂糖的時機。

3　第三次加入砂糖的時機。

＊加入蛋白的砂糖量較少，很容易產生打發過度的狀態，必須多加注意。當蛋白上看得見白色顆粒，失去滑順感，就是過度打發。必須在這種狀況產生前添加砂糖。

STEP UP 因方法、攪拌器不同，加入砂糖的時間點也各不相同

打發蛋白時加入的砂糖，具有使蛋白不易打發的作用。因此，使用打發力道(攪拌力)較弱的手動打發，與打發力道比手持電動攪拌器更強的桌立式電動攪拌器，加入砂糖的時機各不相同。

手動，想要儘量省力打發，最初先僅打發蛋白，再將砂糖分三次加入繼續攪打。

利用桌立式電動攪拌器分三次加入砂糖，因打發力道較強，所以可以比手動攪打或手持電動攪拌器更早添加砂糖。

在蛋白中加入第一次砂糖後，以低速混拌至蛋白打散，將濃厚蛋白的彈力切斷再開始打發。接著以高速打發至體積變大，再添加第二次的砂糖，改以中速攪打。第三次添加的砂糖是爲了使氣泡變得細緻爲目的，所以用低速攪打。

另外，使用手動或電動攪拌器，將砂糖分成三次相同份量加入，電動攪拌器會比手動更能攪打出緊實的蛋白霜。

請傳授如何判斷蛋白霜適度發泡的標準。

必須打發至尖角可以直立的狀態。

蛋白霜具有光澤，以攪拌器拉起，會形成直立尖角狀。在打發過程中呈輕軟狀態的蛋白霜，打發完成，應該是紋理細緻並且緊實堅硬，以指頭插入應該可以感覺到紮實感。

也請注意不要過度打發。

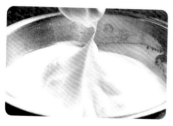

打發完成的蛋白霜，會變爲可以直立起來的尖角狀。

打發完成的蛋白，卻變得乾燥剝離。
這種狀態還可以直接用於海綿蛋糕麵糊嗎？

這種狀態下使用，將無法烘烤出漂亮的成品。

蛋白已經過了最佳狀態，變成過度打發，光澤會消失而表面也會變得乾燥剝離。接著氣泡會容易崩壞，引起離水狀態並滲出水份。

因為蛋白比全蛋更容易有過度打發的情況，必須留意。

使用過度打發的蛋白霜製作海綿蛋糕，烘烤完成表面會產生許多小孔洞，膨脹狀態也會變差。

為什麼呢？這是因為在麵糊當中蛋白呈離水狀態，開始烘烤，離水狀態下水份很容易就蒸發掉了，麵糊表面應該形成的薄膜(→51頁)無法如平常狀態般形成。結果烘烤出來的蛋糕體積會變小，表面也會形成小孔洞。並且因水份容易被蒸發，所以會烘烤成較乾燥的蛋糕。

有時候，在混拌時蛋白的氣泡就會不斷地崩壞液化，麵糊會變成流動狀，也無法順利地烘烤出正確的蛋糕。

參考 …228頁

失敗例

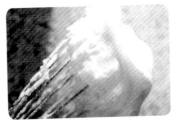

過度打發形成離水狀的蛋白霜

使用離水狀蛋白霜，烘烤而成的海綿蛋糕

 蛋黃加入砂糖後，
必須要打發到什麼程度才夠呢？

 必須打發至蛋黃開始變白為止。

分蛋法海綿蛋糕麵糊用的蛋白，必須打發至尖角呈直立的狀態。因此加入的蛋黃也必須完全打發，質感才能與蛋白近似，二者才能均勻混拌。

此時蛋黃，必須打發至飽含空氣變白為止。與蛋白相較之下，氣泡量可以說是相當少，因此打發後可以略增加其體積。

 …221～222頁

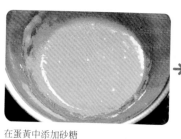

在蛋黃中添加砂糖

打發完成。因含有空氣而顏色變白

 請傳授在蛋白霜中加入打發的蛋黃及麵粉，要如何混拌。

 「以刮杓切開般地」混拌。

分蛋打發，在蛋白霜中加入蛋黃及麵粉，以橡皮刮杓彷彿切開麵糊般地混拌。但不只是切開，必須將蛋黃及麵粉拌入切開的蛋白霜當中，使全體不致分散，在切開的同時必須將鋼盆底部的麵糊也舀起地切拌，並重覆這個動作。

像這樣分蛋法的海綿蛋糕麵糊與全蛋打發法的麵糊，混拌方式也有所不同。全蛋打發的麵糊較具流動性，所以用刮杓推壓般地翻動麵糊，使材料可以滑入氣泡及氣泡間地加以混拌。

但分蛋打發法因蛋白霜的流動性較低，即使用刮杓混拌氣泡也不太會滑動，因此用橡皮刮杓以切開蛋白霜般，將其他材料混拌至其中，會是比較適合的方法。請大家參考下一頁的混拌方式。

 …61～62頁

分蛋法海綿蛋糕麵糊的混拌方法

1 首先將刮杓直立地放入麵糊中。

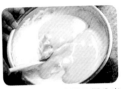

2 刮杓直立地插入鋼盆底部,拉向自己地切開蛋白霜。沿著鋼盆側面由底部舀起麵糊。

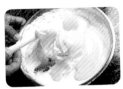

3 轉動手腕,翻轉刮杓。

4 左手往自己的方向輕輕轉動鋼盆。

5 翻攪過的部分,以同樣方式再次翻攪。重覆這些步驟混拌。

 Q 在蛋白霜中加入蛋黃與在蛋黃鍋中加入蛋白霜,哪一種比較容易混拌呢?

 A 在蛋白霜的鋼盆中,加入比重較重的蛋黃,比較容易混拌。

想要將蛋白霜與蛋黃這兩種不同質感的材料加以混拌,在比重輕的材料上加入比重較重的材料,比較容易混拌。

在蛋白霜上加入打發的蛋黃,以刮杓切拌,隨著刮杓插入蛋白霜,或是舀起蛋白霜,蛋黃都會由上而下地沈陷其中,與蛋白霜自然混合。

另外,兩者的比重儘量相近,會較容易混拌,在此藉由確實打發蛋黃,使其質感得以近似蛋白霜。

或者也可以將少量的蛋白霜加入打發的蛋黃中,混拌至質感近似後再加入其餘的蛋白霜中混拌。

參考 …65～66頁

在比重較輕的蛋白霜上加入比重較重的打發蛋黃。

Q 蛋白霜與蛋黃很難混拌均勻，為什麼呢？

A 原因在於蛋白霜過度打發。

　　蛋白霜的最佳打發狀態，是具有光澤且滑順，並且含有相當多細緻的氣泡。特別是使用分蛋法製作蛋白霜，加入蛋黃並混拌均勻後的滑順感非常重要。

　　最適當混合打發蛋黃的蛋白霜，並不是柔軟的蛋白霜。而是拉起攪拌器，蛋白霜具有光澤且是尖角直立的硬度，同時也是蛋黃容易混合具延展效果的狀態。

　　想要確實打發，經常會有過度打發變硬等失敗的例子，這種情況下混拌入打發蛋黃，蛋白霜會變成好幾個塊狀，而無法順利均勻混拌。

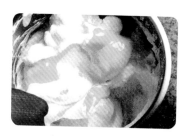

打發狀態良好的蛋白霜，可以立即與蛋黃混拌。

失敗例

 →

過度打發的蛋白霜，打發的蛋黃無法溶於其中而難以均勻混拌。

即使全體混拌完成後，部分的蛋白仍會有塊狀殘留在麵糊當中。或是因為氣泡的崩壞而造成內部粗糙。

與麵粉混拌後的麵糊，最理想狀態是什麼樣子呢？

以刮杓舀起麵糊，可以緩慢流下的硬度最好。

　　添加麵粉後，切拌至看不到麵粉為止，接著再繼續混拌數次。麵粉會吸收雞蛋的水份糊化，而在麵糊上形成張力，感覺會變得十分有重量。就可以停止混拌了。

　　分蛋打發法海綿蛋糕麵糊最大的特徵是，比全蛋法海綿蛋糕麵糊的流動性更低。麵糊會產生光澤，以刮杓舀起，麵糊整體一致地向下滑落的硬度，就是最佳狀態。

　　盡量不破壞蛋白氣泡地混拌完成，麵糊是可以被絞擠出來的硬度。過度混拌，蛋白的氣泡會被破壞，變成具流動性的柔軟麵糊。這樣即使絞擠出來，也會向四周攤開，無法烘烤出漂亮的成品。

麵糊混拌狀態對烘烤所造成的影響　　　　　　　　　　表15

	標準	過度混拌
混拌狀態	 混拌至麵糊產生光澤，麵糊會緩緩落下的硬度	 過度混拌，麵糊迅速地滴落下來
絞擠出的麵糊大小	 絞擠出的麵糊能保持中央鼓起的形狀	 絞擠出的麵糊立刻攤平變大
烘烤完成	 烘烤完成時的膨脹鼓起	 即使烘烤完成仍是平坦狀態

Q ★ 為什麼在烘烤手指餅乾(biscuits à la cuillère)前必須先篩上糖粉呢？

A 烘烤完成時麵糊會膨脹起來。
表面香脆，中間輕柔的對比口感，更具魅力。

以分蛋法海綿蛋糕麵糊，絞擠出來烘烤的手指餅乾(biscuits à la cuillère)，篩上糖粉再烘烤，糖粉會融化在麵糊的表面，烤焙完成時會呈細小固體的粒狀。法語將這些烘烤產生的粒狀，稱為散落的珍珠「Perle」。

篩上糖粉製成的珍珠，① 外觀看起來美觀，② 麵糊可以更加膨脹，③ 可以製作出表面香脆，中央輕軟的口感，這是篩上糖粉的3個理由。

麵糊烘烤膨脹，表面的糖粉會融化固定成珍珠般的粒狀，支撐起膨脹起來的麵糊，當蛋糕從烤箱拿出，可以保持住膨脹著的狀態。另外，在海綿蛋糕表面因融化的糖粉凝固冷卻後，會形成表面香脆，同時中央卻輕柔的口感。

在此告訴大家製成出完美珍珠的要訣。完美的珍珠，是指在麵糊的表面製作出如珍珠般圓形顆粒。想要順利地製作，重點就在於糖粉必須分成2次篩上後再烘烤。

烘烤完成時的差異

沒有篩上糖粉烘烤的成品。

篩上糖粉烘烤的成品。

絞擠成圓形後烘烤的成品，底部是相同成品重疊後的高度比較。左：沒有篩上糖粉的成品。右：篩上糖粉的成品。

篩上糖粉的步驟

1 以粉篩在全體表面上篩上薄薄的白色糖粉。

2 表面的糖粉如照片般融化，之後再次篩上糖粉。融化的糖粉會黏在麵糊及第二次篩的糖粉上。

3 稍加放置，待篩上的糖粉略微融化後，倒掉多餘的糖粉後放入烤箱。

Q ★★ 分蛋法海綿蛋糕麵糊可以有許多風味的變化，
請傳授調配的方法。

 A 加入堅果或巧克力來製作麵糊是最基本的方法。

糕點製作的樂趣，就在於將自己想製作的糕點，搭配麵糊加以組合。分蛋法海綿蛋糕麵糊中加入堅果類或巧克力等，可以有非常多樣的變化。

添加杏仁粉等堅果類的粉末，必須考慮到堅果會吸收水份，所以基本上至少要減少堅果重量30%的麵粉。

添加像開心果泥般的堅果醬，如果堅果醬已經含糖，就要減少砂糖的用量。

添加切碎的堅果類(杏仁果、核桃、開心果、榛果等)，全體的配方不需改變，只要加入堅果即可。

分蛋法海綿蛋糕麵糊的變化 表16

麵糊名稱		添加的材料
杏仁海綿蛋糕 (Biscuit Joconde)		杏仁粉
開心果海綿蛋糕 (Biscuit à la pistache)		開心果泥
堅果海綿蛋糕 (Biscuit aux fruits secs)		切碎的堅果
雙色海綿蛋糕 (Biscuit panaché)	基本麵糊與可可麵糊交錯絞擠而成。	可可粉

利用奶油的乳霜性及
雞蛋的乳化性製作
奶油麵糊

奶油麵糊，基本的配方是奶油：砂糖：麵粉：雞蛋＝1：1：1：1，四種材料都以相同比例製成。一般來說，是以攪拌器充分攪拌奶油，藉由奶油中飽含的空氣而使麵糊膨脹，以糖油拌合法來製作。相較於打發雞蛋製成的海綿蛋糕，奶油麵糊烘烤後內部更加紮實，並且具有豐富的奶油風味及潤澤口感，是這種蛋糕最大的特徵，也經常被作成水果蛋糕。

重點在於使奶油飽含空氣，並使奶油及蛋不產生分離地均勻混合，製作出含有微細氣泡、紋理細緻的成品。

奶油麵糊（糖油拌合法）　基本的製作方法

[參考配方範例] 7.5 X 22 X 9.5cm磅蛋糕模型1個的份量

奶油　150g
細砂糖　150g
雞蛋　150g(3個)
低筋麵粉　150g

準備
・低筋麵粉過篩
・將雞蛋放至常溫
・在模型中鋪放紙張

＊烤箱因機種及形態的不同，烘烤溫度及時間會略有差異。

1
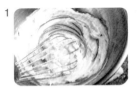
將奶油放至常溫後，以攪拌器攪拌成乳霜狀。

2

加入細砂糖。

3

繼續均勻混拌至顏色變白為止。

4

分數次加入打散的蛋液，每次加入後都充分均勻混拌。

5

加入低筋麵粉，混拌至麵糊出現光澤為止。

6  將麵糊放入模型中，以上火180℃、下火160℃的烤箱烘烤約50分鐘。烘烤完成，從距工作檯約10cm高的位置，連同模型一起敲扣在工作檯上，脫模冷卻。

●●●奶油麵糊　什麼樣的材料，各有哪些作用呢？

1　為什麼會膨脹呢？

(1)　由雞蛋帶來的水份

雞蛋等材料中所含的部分水份，在烤箱內因高溫而變成水蒸氣，使得體積變大。

(2) 由混拌至奶油中的空氣

以攪拌器混拌奶油，也將空氣攪打至奶油當中，在奶油中形成分散的氣泡。氣泡在烤箱內因高溫而膨脹，使得體積變大。

2　是什麼支撐著膨脹的柔軟度及彈力呢？

(1)　麵粉

① 澱粉

在烤箱內隨著溫度增高，澱粉粒子會吸收雞蛋的水份，膨脹並變得柔軟，產生糊狀黏性(糊化)。之後，水份蒸發到某個程度烘烤完成，這就是膨脹起來的蛋糕主體。

② 蛋白質

麵糊中混拌麵粉後，麵粉中的蛋白質會形成具有黏性及彈力的麩素，彷彿包圍住澱粉粒子般地形成廣大的立體網狀。麩素在烤箱內因加熱而凝固，也成為麵糊間的連結，形成適度的彈力。另一方面，也必須顧慮到當麩素過度形成，會影響膨脹狀態。

(2) 雞蛋

雞蛋的水份，主要是作用於澱粉的糊化及使麵糊膨脹。此外，蛋白質遇熱會凝固，也可使麵糊柔軟地成形。

(3) 砂糖

藉由其吸濕性使得蛋糕能有潤澤的口感，可防止澱粉老化並保持蛋糕柔軟的作用。

(4) 奶油

因含有較多的奶油，可藉由奶油的油脂使烘烤完成的蛋糕能有潤澤的口感。並且也藉保濕性而讓蛋糕可長時間保存。

●●●奶油麵糊　　在製作過程中的結構變化

奶油麵糊放入磅蛋糕模，進入烤箱後，由麵糊的外側開始加熱。首先會在麵糊的表面形成薄膜。

↓

麵糊當中的空氣和水份因加熱而增加體積，麵糊開始膨脹。水蒸氣雖然會向外排出，但側面及底部都被模型所阻擋。另一方面，麵糊的表面因加熱形成薄膜，雖然還是未熟透的階段，某個程度的水蒸氣被鎖在麵糊當中，而使得體積增加。

↓

隨著受熱時間的增加，多餘的水蒸氣會向外排出而完成烘烤，但因為受限於模型，所以水蒸氣無法由麵糊的四周排出。當周圍的麵糊都已烘烤成形，最中央位置未熟透的麵糊，為了讓水蒸氣能有排出的路徑，就會在蛋糕正上方衝出裂紋以排出水蒸氣。

↓

磅蛋糕模是窄且深的模型，所以為了能在狹窄範圍內集中排出麵糊體積內的水蒸氣，這個排出的位置就很難烘烤成色。並且水蒸氣為向外排出因而會向上推擠麵糊，最後會在中央形成裂紋。

●●●奶油麵糊　　麵糊製作的基本

　　奶油麵糊主要是以糖油拌合法來製作。這種製作方法，只要在一個鋼盆中陸續地加入材料混拌，就可以做出。雖然是比較容易製作的麵糊，但為使麵糊得以順利膨脹，最重要的技巧就在於基本製作。

　　因此，奶油與砂糖必須確實地混拌，使空氣能飽含於其中，之後加入雞蛋，注意使其不致分離地混拌也非常重要。

　　注意奶油與雞蛋的溫度及混拌方式，必須留心保持麵糊隨時是滑順狀態以便於進入下個作業。

●●●奶油麵糊　　其他的製作方法（麵粉奶油混拌法）

1　製作方式、烘烤完成

　　奶油麵糊的製作方法中，如前文所提及參考配方的糖油拌合法之外，還有稱為麵粉奶油法（粉油法）的製作方法。

糖油拌合法是在奶油中添加砂糖混拌，使奶油中能充滿空氣的製作方法。另一種，麵粉奶油法（粉油法），是將麵粉及奶油一起混拌，使其中充滿氣泡的製作方法，在放軟的奶油中，添加麵粉混拌，之後再加入雞蛋及砂糖混拌。

添加雞蛋時，已經是奶油與麵粉混拌完成的狀態，因此雞蛋的水份會被麵粉吸收不易分離，是種更為簡單的製作方法。

另外，粉油法烘烤完成，相較於糖油拌合法，內部紋理會更細緻綿密。

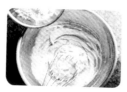  

1　在乳霜狀的奶油中加入麵粉混拌。

2　在蛋液中加入砂糖混拌。

3　將2分成兩次加入1當中混拌。之後放入模型中烘烤。

2　關於配方

麵粉奶油法（粉油法），在最初的階段先混拌奶油和麵粉，因為奶油會抑制麩素的形成，所以基本上雖然配方中奶油與麵粉是等量，但此時麵粉的用量較奶油稍多一些會比較適合。另外，也適合使用含有較多蛋白質的高筋麵粉來製作。

只是，麵粉的用量較雞蛋多，麵粉會吸收掉雞蛋的水份，水份變成水蒸氣膨脹起蛋糕體的程度也會降低。麵糊混拌使麵粉形成麩素、烘烤時澱粉糊化，以及麵糊溫度升高，使水份變成水蒸氣，以上過程已將雞蛋中的水份使用盡，並沒有留下足夠使麵糊膨脹的水份含量。因此，可以補充含有水份的材料，或是加入泡打粉以幫助增加麵糊的膨脹。

麵粉用量超過雞蛋用量時

追加的水份量 = (麵粉用量 － 雞蛋用量) × 0.9

追加的泡打粉用量 = (麵粉用量 － 雞蛋用量) × 0.05～0.25

表17

糖油拌合法與粉油法的不同

	糖油拌合法	粉油法
膨脹程度	適度膨脹	更加膨脹。中央裂紋大且寬就是證明
紋理的細緻	較多大氣泡，紋理較粗糙	紋理細緻，蛋糕紮實
硬度	乾鬆柔軟	鬆軟輕柔的口感

＊爲了做出兩者狀況比較，因此同樣以四分之一的等量製作，僅改變製作方式而已。

參考…111頁／241頁

奶油與砂糖必須混拌至什麼樣的程度呢？

 必須混拌至顏色變白為止。

　　使奶油麵糊膨脹的最大重點，就是在適當硬度的奶油中加入砂糖混拌，使空氣能充滿其中。奶油的這種特性稱之為乳霜性。在此攪打進奶油中的空氣，在烤箱內因熱度膨脹使得體積增加，麵糊整體膨脹起來。奶油在開始混拌時是黃色的，但在飽含空氣變白之前，都必須用攪拌器確實地以磨擦方式混拌。

摩擦式的混拌標準

1　混拌放置成適溫的奶油。

2　加入砂糖後，以磨擦方式地加以混拌。

3　飽含空氣後顏色會變白，體積也會增加。

 奶油中加入砂糖，即使充分混拌，為什麼仍然無法變成發白狀態呢？

 可能是奶油過於柔軟。
奶油的硬度應該是手指可以輕易插入的硬度。

　　奶油過硬或過軟都無法使空氣飽含於其中，所以特別要注意避免奶油過於柔軟。奶油一旦融化，奶油特性中的乳析性就會消失，加入砂糖後即使不斷地混拌，也無法再使空氣充滿於其中，也就無法變成發白狀態。即使再冷卻使奶油重新凝固，也無法回到奶油原先的結構，因此奶油的特性就此消失。結果就是烘烤後無法膨脹起來。

　　雖然使用前會先將奶油放置於常溫中，使其柔軟，但最適合製作奶油麵糊的奶油硬度，應該是以手指按壓，不需用力也可以輕易插入的狀態，以攪拌器攪打時仍稍有抵抗力的程度，是最適合的硬度。

　　這個時候奶油的溫度大約是20～23℃左右。夏天室溫較高時應稍稍降低溫度，而冬天室溫較低，則可稍微提高溫度，依照季節及製作用量等來調節溫度。

參考…285～286頁

調整成適溫的奶油

以手指按壓時可以立即插入其中。

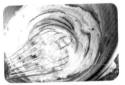

可以感覺到硬度的乳霜狀。

失敗例

雖然呈乳霜狀，但奶油過於柔軟。

即使加入砂糖混拌後，仍無法將空氣攪打於其中。

失敗例

以適溫的奶油與過於柔軟的奶油製成的差異。左：使用適當硬度的奶油製成。右：使用過於柔軟的奶油製成。右邊的膨脹狀態較差且內部較為粗糙。

 請傳授在奶油中加入雞蛋並充分混拌的要領。

 逐次少量地加入蛋液並充分混拌。

　　這個作業，是將油脂性的奶油與含水份較多的雞蛋，使其不產生分離狀況地加以混合，就是進行「乳化」作業。

　　為使乳化作業能順利進行，雞蛋必須分成幾次，以少量逐次的方法加入，並且最重要的是要能充分混拌。

當蛋液看起來完全混拌至奶油當中，還是要接著持續混拌，並且需要多些力氣。接著會成為具有光澤的乳霜狀。只要這個部分能確實混拌，就可以成為安定的乳化狀態。

若蛋液一次全部加入又混拌不足，雞蛋中的水份與奶油中的油脂無法均勻混合，就會形成分離狀態。在嚴重的分離狀態下加入麵粉，麵粉會被分離出來的水份所吸收，變成黏呼呼的麵糊。

本來應該是在奶油的油脂中，雞蛋的水份呈粒狀分散狀態，形成乳化，所以即使添加麵粉，也不會有被過盛水份所吸收的狀況。

另外，最初作業中，雖然充滿空氣的細小氣泡分散在奶油當中，但是蛋液一旦分離，這樣的構造也會遭到破壞，使得充滿在奶油當中的空氣因而消失。

如此一來，就會影響到膨脹狀態，烘烤成硬實且不柔軟的蛋糕。

參考 …122頁 / 233～234頁

奶油與雞蛋的混拌方法

  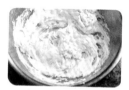

1　將蛋液逐次少量地加入。　2　充分混拌。　3　如照片般混拌後，再加入少量的雞蛋。

失敗例

奶油與雞蛋呈分離狀態的麵糊烘烤而成。膨脹狀態不佳且內部粗糙。

Q ★★ 在奶油中加入雞蛋，奶油立即變成乾粗狀態，原因是什麼呢？

A 這是變成分離狀態。原因在於使用了冰冷的雞蛋。

在奶油中加入雞蛋並使其混合的「乳化」作業，雞蛋的溫度是非常重要的環節。

乳霜狀的奶油，同時保有充滿空氣的狀態(乳霜性)又要使其產生乳化作用，爲配合奶油的溫度，必須使用常溫(15℃)的雞蛋。

這個時候，若是使用冰箱拿出來的冰冷雞蛋，奶油就會變成乾乾粗粗，凝固成分離狀態。這是因爲適度柔軟的奶油中加入了冰冷雞蛋，使其突然冷卻而凝固的緣故。

雞蛋溫度對乳化的影響

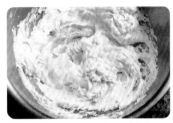

使用常溫的雞蛋。順利地完成乳化作用。

使用冰冷雞蛋。在此產生了分離狀態，無法再回到原先正確的狀態。

....

STEP UP 奶油與雞蛋的溫度關係

奶油與雞蛋的溫度幾乎相同，還是哪一方的溫度稍高會比較適合製作？相較之下，雞蛋的溫度比奶油稍低一點，會比較容易製作。

另外，添加少許蛋液後感覺奶油稍微變硬，可以稍稍溫熱奶油後再加入雞蛋。也可以稍稍溫熱蛋液再添加至奶油當中。

在加入蛋液的前段作業，因爲奶油中充滿著空氣，爲了不破壞這個構造，謹慎地調節溫度使其不致產生分離地進行混拌，是非常重要的步驟。

....

Q 在奶油中加入雞蛋，就開始產生分離狀態。可以修復後繼續使用嗎？

 A 加入部分麵粉，有可能修復。

在奶油中加入雞蛋混拌，看見材料變得乾乾粗粗，就是開始產生分離現象。如果是剛開始分離，有機會可以修復。

可以取部分之後要添加的麵粉，在這個階段先加入混拌，分離的水份會被麵粉所吸收，重新成為滑順的狀態。但是，卻不可避免造成烘烤後膨脹狀態不佳等影響。

初期階段分離的修復

1 開始產生分離的狀態。

2 添加麵粉混拌，使分離的水份可以被吸收。

3 修復後的狀態。

 Q 製作奶油麵糊，添加麵粉之後，必須要混拌至呈現何種狀態才是最適宜的呢？

 A 混拌至麵糊出現光澤為止。

將麵粉加入後，混拌至看不見粉類，還必須持續混拌幾次直到麵糊出現光澤為止。這才是最佳狀態。

麵粉在吸收了雞蛋中的水份後，藉著繼續幾次的攪拌讓麵糊中產生麩素，將分散的麵粉變成具有黏性的糊狀，麵糊才會變得滑順。這樣的狀態才能烘烤出具柔軟彈力的成品。

若是混拌過度，麩素太多反而會影響膨脹狀態，請參考下頁以判別最佳狀態。

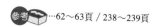參考 …62～63頁 / 238～239頁

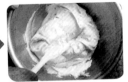

切拌式地混拌至看不見麵粉。　持續混拌至麵糊出現光澤
為止。

Q ★★ 想要製作出更輕柔的奶油蛋糕，必須如何製作才好呢？

A 除了將全蛋加入奶油當中，也可以先將蛋白打發再加入。

　　糖油拌合法當中，除了將全蛋液逐次少量加入之外，也有分蛋法，可以將蛋黃和蛋白
分開，打發成蛋白霜後再添加。這兩個方法烘烤出來的成品也會有所不同。打發蛋白霜
加入，因含有大量的空氣，所以可以烘烤成輕軟的蛋糕。
　　在奶油中先加入蛋黃，之後加入打發的蛋白霜，注意不要破壞蛋白氣泡地混拌。

糖油拌合法的分蛋法　　基本

2　添加全蛋後混拌。　3　加入全部的麵粉　4　製作出基本奶油
　　　　　　　　　　混拌。　　　　　　　麵糊。

1　在奶油中加入砂
糖充分攪拌（分蛋法時
必須留下部分砂糖）。

2　加入蛋黃混拌。放　3　加入1/3用量的麵　4　製作出分蛋法奶
入1/3添加了部分砂糖　粉混拌。重覆交替加　油麵糊。
打發的蛋白霜，混拌。　入蛋白霜與麵粉混拌
　　　　　　　　　　3次。

左：一般的糖油拌合法，右：添加了蛋白霜的分蛋糖油拌合法。右邊因蛋白霜中含有大量空氣，所以膨脹較高，也有較多大氣泡。

STEP UP 順利製作分蛋法奶油蛋糕的重點

在此試著列舉出分蛋法奶油蛋糕在製作時需要注意的重點。請大家作為參考。

1 奶油的柔軟度

為使蛋白霜更容易混拌，在奶油中加入蛋黃後，必須成為比基本狀態更加柔軟的乳霜狀。最開始的奶油溫度約為25℃左右，添加蛋黃後再調整至23～25℃之間即可。

2 砂糖的添加方式

砂糖的配方一半用量加入奶油中混拌，其餘的使用在打發蛋白。

3 蛋白霜與麵粉的添加方式

因麵糊的黏性較強，與其在加入全部蛋白霜後再加入麵粉，不如將蛋白霜和麵粉分成三次交替加入，比較不會破壞蛋白的氣泡，烘烤出來的蛋糕也會更鬆軟。

Q ★★ 如何才能將奶油麵糊烘烤出漂亮地表面裂紋？

A 可以簡單地利用酥油或奶油。

水果蛋糕等奶油蛋糕表面鼓脹起來的地方都有條裂紋，讓蛋糕看起來更美味。奶油麵糊放入磅蛋糕模中烘烤，烘烤過程中會膨脹而自然產生這條裂紋。

但放任蛋糕自然產生裂紋，不如在中央劃出一條割紋，更可以確保烘烤後漂亮的成果。所以，可在烘烤過程中，以小刀劃出割紋，但因為從烤箱中取出割劃，會使得麵糊的溫度降低，所以必須快速地進行。

更簡單的方法，就是利用柔軟的酥油或奶油，在烘烤前細細地絞擠在麵糊表面的中央位置。

烤箱中放入磅蛋糕模的奶油麵糊，烘烤時麵糊會由外而內受熱凝固。此時麵糊表面受熱形成薄膜，鎖住內部產生的水蒸氣，使得麵糊因而膨脹鼓起。

絞擠上油脂的部分，即使在烤箱中烘烤也不易乾燥，使得麵糊薄膜不易形成，而使得水蒸氣可由這個出口向外排出。最後當麵糊膨脹鼓起，就會形成裂紋，成為一條烘烤出來的漂亮裂紋。

將酥油絞擠在麵糊中央。

STEP UP 表面裂紋產生的原因

裂紋的產生，是因為磅蛋糕模的形狀既窄且深(高)，和體積相較之下，表面積變小所造成的影響。相同配方的奶油麵糊，若是以海綿蛋糕般表面積較大的圓形模來烘烤，烤後表面均勻不會鼓脹，也幾乎不會產生裂紋。

也就是因為磅蛋糕模的表面積小，所以麵糊內的水蒸氣都集中在狹窄的表面範圍，一起向外排出，在排出時膨脹隆起，最後衝出麵糊所造成的裂紋。

想要以奶油麵糊的參考配方為基本，再加以改變配方變化風味，必須注意哪些事情呢？

 遵守奶油：雞蛋：砂糖：麵粉的比例來改變份量。

奶油麵糊的基本是奶油、雞蛋、砂糖、麵粉四種材料，以相同比例的配方製作。以此比例爲基本，在下頁的圖表範圍內，都可以自由改變調配。但必須注意以下事項。

1.添加糖漬水果或乾燥水果、堅果類時

不要超過麵粉的重量。糖漬水果或乾燥水果直接加入，因爲會吸收麵糊當中的水份，所以應使用先浸漬過酒精類的糖漬或乾燥水果。

2.添加杏仁粉等粉末堅果時

粉末狀的堅果，必須考慮到會吸收麵糊中的水份，所以應該減少粉末狀堅果30%重量的麵粉。

3.添加可可粉時

必須減去添加可可粉等量的麵粉。

4.添加酒精類或牛奶等水份時

因水份會使麵糊變軟，所以必須用增加麵粉以及砂糖份量的方式來調整。

＊增加麵粉的標準：相對於100g的液體，必須增加125g的麵粉。
＊增加砂糖的標準：相對於麵粉重量的2/3，不能超過全體水份(全蛋的水份＋液體量)。

5.添加玉米粉等澱粉類時

將部分麵粉置換成澱粉製品，僅能替換50%以下(→73～74頁)。

以上是參考的標準，必須在實際製作時加以調整。請參照下頁的圖表。

奶
油
麵
糊

圖表2

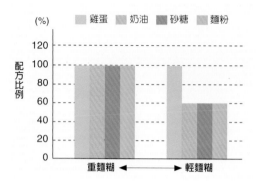

利用奶油酥脆性製作塔麵團

塔麵團正如其名，作爲塔餅及小塔的底座。塔麵團的製作方法分爲奶油法(Crèmer)或是砂狀搓揉法(Sablage)兩種。奶油法是將奶油攪打成乳霜狀製成所以以此命名。相對於此，砂狀搓揉法是將固態的奶油與麵粉混合搓成像砂粒般鬆散的狀態而得名。

本書以奶油法製作基本配方。以奶油法製作的塔麵團，會有彷彿要在口中碎開般的酥脆口感。爲了製作出這樣的酥脆口感，製作時要注意混拌過程必須避免奶油與雞蛋分離，也必須注意避免奶油過度融化。

塔麵團（奶油法） 基本的製作方法

[參考配方範例] 直徑18cm的塔餅用無底圓模(或是塔模) 2～3個的份量

奶油　125g
糖粉　100g
鹽　2g
雞蛋　50g
低筋麵粉　250g

準備

· 低筋麵粉過篩
· 雞蛋放至成常溫

＊ 烤箱因機種及形態的不同，烘烤溫度及時間會略有差異。

1　 將奶油放至回復常溫後，以攪拌器混拌成乳霜狀，加入糖粉及鹽混拌。

2　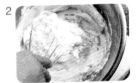 將打散的蛋液分次加入，使其不致產生分離地每次都均勻混拌。混拌至看不到蛋液後，再繼續混拌至緊實。

3　 加入麵粉混拌。首先粗略地混拌，用刮杓或刮板大塊切拌地混拌麵粉。

4　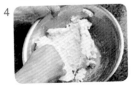 用刮板將材料集中，以刮板由上按壓地方式將材料整合起來。將麵團放入塑膠袋內包妥，靜置於冰箱中1小時以上。

5　 使用擀麵棍擀壓，舖放在模型上，刺出孔洞(使用打孔滾輪，先打孔再放入模型)。

6　墊上烘焙紙後放上重石(有時也會放入內餡)。

7　以上火180℃、下火160℃的烤箱烘烤約30分鐘。烘烤過程中，約過15～20分鐘，取出重石繼續烘烤(照片中是烘烤完成的塔餅)。

●●●塔麵團　什麼樣的材料，分別有哪些作用呢？

(1) 麵粉

① 澱粉

隨著烤箱內熱度的升高，澱粉粒會吸收雞蛋的水份而糊化，形成塔餅的主體部分。

② 蛋白質

麵團中添加麵粉混拌，其中的蛋白質會形成具有黏性及彈力的麩素，包覆住澱粉粒子般地形成立體網狀結構。麩素會因烤箱內的熱度而變硬，成為麵團不會崩塌的骨架。

(2) 雞蛋

雞蛋的水份有助於澱粉的糊化，還可以調節麵團的硬度，使塔餅更容易成形。另外，分散在麵團中的蛋白質會因加熱而凝固，將容易崩壞的麵團固定住。

(3) 奶油

奶油成為薄膜狀地分散在麵團當中，使麩素不易形成，也可以防止澱粉的糾結，製作出塔餅的鬆脆口感(酥脆性)。

●●●塔麵團　麵糊製作的基本

雖然有相當程度的硬度，但放入口中時卻是鬆脆的口感。重點在於快速的作業過程。手的熱度及室溫的影響，都會使奶油從最適合的硬度變得更加柔軟，如此一來麵團中的奶油就會融入麩素當中，烘烤完成後口感會變硬。

●●●塔麵團　其他的製作方法（砂狀搓揉法）

　　最開始介紹的奶油法，因爲是將奶油攪打成乳霜狀製作，因此稱之爲奶油法(Crémer)，另一個砂狀搓揉法，是將固態奶油與麵粉混合成「砂狀般鬆散的樣子」，就是法語中Sablage的意思因而命名。

　　使用的奶油仍是塊狀，需稍加用力按壓的硬度。混拌麵粉、糖粉和鹽，再加入切成小塊的奶油，兩手搓揉般地混合材料，奶油會使全體材料變得細小而鬆散。此時麵粉是沾附在奶油粒子周圍的狀態。再加入雞蛋，麵粉會吸收其中的水份而使麵團整合爲一。

　　奶油法的特徵是在口中有碎開的鬆脆口感，但若想追求酥脆口感，則可以採用砂狀搓揉法。

參考 …287頁

1　切成小塊的奶油與麵粉、糖粉及鹽一起加入，以兩手搓揉混合。

2　加入蛋液後，不要搓揉地快速整合麵團。

奶油法與砂狀搓揉法製作的相異之處

左：奶油法製作的塔餅底部寬且內部較爲粗糙。右：砂狀搓揉法製作的塔餅稍有膨脹且內部較爲紮實。

奶油使用時什麼樣的硬度最適宜呢？

 柔軟的乳霜狀。

　為了烘烤出入口有鬆脆口感的塔餅，最重要的是在後段作業時，奶油在添加麵粉之後，必須以薄膜狀散落在其中，發揮其酥脆性。

　在前文介紹的製作方法，要發揮這樣的特性，以柔軟乳霜狀的奶油最適合。奶油大約在20℃左右，是最恰到好處的硬度。

 …287頁

混拌成柔軟的乳霜狀。

 為什麼在乳霜狀的奶油中加入雞蛋，必須少量逐次地加入呢？

 是為了防止產生分離狀態。

　在奶油中加入雞蛋混拌的作業裡，奶油的「油」和雞蛋的「水」因為不相容，所以很容易產生分離狀態。但是，只要能掌握住混拌的訣竅，就可以發揮雞蛋中的乳化力，使蛋中的水份呈細小粒狀地分散在奶油的油脂中，兩者可以充分完成混拌(乳化)。

為使雞蛋能在奶油中產生乳化作用，重點如下。

① 雞蛋液分成數次，逐次少量地加入。

② 充分攪拌。

③ 雞蛋的溫度適宜。

(使用冰箱拿出來的雞蛋，奶油會凝固而無法混拌進而造成分離)

請傳授雞蛋在奶油中混拌完成時麵團的狀態。

 混拌成滑順的狀態，全體的硬度也增加了。

雞蛋在奶油當中順利乳化後，麵團整體硬度會增加，需要用力才能混拌。

柔軟的奶油中，加入液態的雞蛋，為什麼會隨著雞蛋的增加而使得整體的硬度增加呢？

這是因為雞蛋中的水份，成細小分散的粒狀，在奶油的油脂中相互牽動，油水間相互摩擦，使得水份無法自由移動，進而使全體的流動性消失。

另一方面，一旦產生分離現象，麵團會變得柔軟且乾燥，所以混拌完成時的麵團硬度，即可成為判斷是否順利完成的標準。

 …108～110頁 / 233～234頁

奶油與雞蛋的乳化過程　　　　　　　　　　　　　　　　　表18

	麵團的狀態	麵團結構的示意圖
開始放入雞蛋		乳化劑 水 油
雞蛋混拌完成		

失敗例

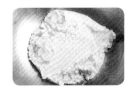

產生分離狀態。粗糙不均勻。

Q 請傳授在塔麵團中添加麵粉後的混拌重點。

A 不要搓揉地混拌最重要。

123
塔麵團

　將雞蛋混拌至奶油當中，接著加入麵粉，首先必須以刮杓用切拌的方式將麵粉均勻地分散在整個麵團上，接著以刮板將麵團聚攏，由鋼盆邊緣輕輕按壓般地整合麵團。

　爲了製作出在口中會碎開的酥脆塔餅，加入麵粉混拌，必須注意以下的2個重點。

1　不揉搓地混拌

　添加了麵粉的麵團，必須以切拌方式混拌。一旦搓揉，形成的大量麩素會在麵團中成爲網狀結構。

　一放入烤箱中加熱，麩素也會隨之凝固，成爲連結麵團的骨架，一旦麩素過多，烘烤完成後就不會有鬆脆而是硬脆的堅硬口感。此外，形成過多麩素，也是烘烤時會緊縮的原因之一。

2　使用刮板快速地混拌

　奶油可以發揮「酥脆性」，在麵團中形成薄膜狀，製作麵團時使麩素不易形成，烘烤時也可以防止澱粉的糾結。這樣的特性就可以製作出在口中碎開般的鬆脆口感。

　不以手掌按壓混拌而使用刮板，是因爲麵團中的奶油會因手掌傳出的熱度而融化，失去其酥脆性，是爲了防止烘烤出堅硬的塔餅。同樣地，麵團當中的奶油也會因室溫而變得柔軟，所以快速地進行步驟非常重要。

參考 …238～239頁

塔麵團的麵粉混拌法

以刮杓切拌後，按壓麵團般地使麵粉可以完全結合在麵團中。

利用鋼盆邊緣整合麵團。

Q ★★★ 高溫會沾黏的塔麵團烘烤後，
為什麼會變硬呢？

 A 本來應該在烤箱內才融化的奶油，
在麵團製作過程裡就融化並滲入其他的材料當中，改變了原本的構造。

　塔麵團在作業過程裡變軟，烘烤完成的成品就會變硬。這是奶油融化了的緣故。以顯微鏡來觀察烘烤完成的麵團，可以發現柔軟且沾黏的麵團中，已有相當多融化奶油滲入麩素裡。也就是麩素在烘烤時彷彿是被油炸了一般，結果造成了硬脆的口感。

一般麵團烘烤完成

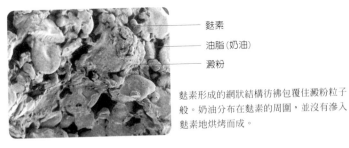

―― 麩素
―― 油脂(奶油)
―― 澱粉

麩素形成的網狀結構彷彿包覆住澱粉粒子般。奶油分布在麩素的周圍，並沒有滲入麩素地烘烤而成。

高溫沾黏的麵團烘烤完成

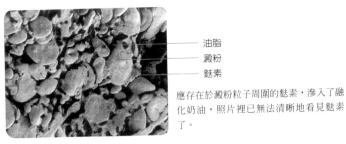

―― 油脂
―― 澱粉
―― 麩素

應存在於澱粉粒子周圍的麩素，滲入了融化奶油，照片裡已無法清晰地看見麩素了。

攝影：樋笠　隆彥

＊用上述條件以參考配方製作塔麵團，並以掃描型電子顯微鏡1000倍速拍攝。

Q★ 烘烤完成的塔餅底部會向上浮起。
有方法可以防止嗎？

 A 在麵團上打上無數的小孔洞，烘烤時在麵團上放置重石。

烘烤完成的塔餅底部會上向浮起，原因是底部麵團和烤盤(以塔模烘烤，則是底部麵團與塔模)之間有空氣殘留在其中，在放入烤箱後空氣因熱而膨脹，進而將麵團向上推擠造成。如此不但不能烘烤出平坦的底部，浮起來的底部還會因無法得到熱傳導而不能均勻烘烤出成品。為此必須下點工夫以排出這些氣體。

另外，本書中是以無底圓模來烘烤塔餅，可以在烘烤時將烤箱打開，將刮杓插入麵團底部與烤盤間，稍稍向前抬起以排出空氣。

1　必須仔細地連同模型底部都完全舖好麵團

1　將麵團沿著底部仔細地貼合模型。

2　模型底部的角落，也必須排出氣體地將麵團完全貼合模型。

將麵團舖放在模型中，必須防止空氣進入地完全貼合。特別是模型底部的角落，很容易產生氣體進入的空隙，所以必須確保模型底部角落都能完全與麵團貼合。

2　打孔

麵團舖放在模型後，以叉子刺出底部孔洞。

以打孔滾輪在全體麵團上刺出孔洞，再舖入模型中。

底部麵團的小孔洞(Piquer)，可以讓殘留在麵團和烤盤間的氣體更容易排出。

將麵團舖放在模型後打孔，用叉子刺穿底部麵團。或是在一開始先刺出孔洞再舖放至模型中，會比較方便作業，可使用打孔滾輪將全部的麵團都刺出孔洞。

刺出孔洞對烘烤造成的影響

打孔過的麵團。底部可以平坦地烘烤完成。

沒有打孔的麵團。底部被推壓上來以致麵團浮起。

3　放置重石

紅豆等也可當做重石來使用。擺放在烘焙紙上。

塔麵團因中間的內餡不同，也會有底部麵團不打孔的時候。像是中間填放的是法式布丁般雞蛋和牛奶等液體，孔洞可能讓這些液體流出。

像這個時候，就不打孔地改以放置重石空燒後，再倒入內餡。放置重石，因重量可避免麵團的隆起，能不變形地烘烤出塔餅。重石會在烘烤至中途時取出，再繼續完成烘烤。

重石對烘烤造成的影響

左：放置重石的成品。右：沒有放置重石的成品。沒有放置重石的烘烤成品，底部呈現浮起狀態。

Q 放入重石烘烤，必須在什麼時間取出重石較為適宜呢？

A 當側面上方的麵團烘烤成淡淡的烤色即可。

在塔麵團上放置重石烘烤，若一直持續放置，會因此而使得塔餅內側無法烤熟，所以在烘烤中途必須要連同烘焙紙一起將重石取出。這個取出的時間點，大約是側面上方麵團開始烘烤出淡淡的烤色，而放置重石的位置則顏色偏白，此時就要將重石取出，使麵團全體可以烘烤成漂亮均勻的色澤。這就稱之為「空燒」。

另外，必須填入奶油餡等內餡的塔餅，取出重石後再次放入烤箱烘烤至表面乾燥再取出。完全沒有烤焙的顏色，而呈現泛白狀態的烘烤，稱之為「白燒」。

白燒的塔餅。

空燒的塔餅。

....

STEP UP 白燒與空燒

空燒用於塔餅內填入類似卡士達奶油(Crème pâtissière)等，必須要烘烤加熱的內餡。這些必須加熱烤熟的內餡，會因內餡本身是否容易烤熟，而決定塔餅是否需要先烘烤備用。

若是相當容易烤熟的內餡，會將其填放在白燒的塔餅中，再一同烘烤。若是較不容易烤熟的內餡，則是在麵團舖放在模型時，就先填入烘烤。

....

塔麵團雖然很順利地製作，
但烘烤後卻縮小了，為什麼呢？

 原因在於麵團有厚度不均勻的塊狀或是烘烤溫度太低。

烘烤完成的塔餅側面較塔模低，或是塔餅與模型間有了空隙，都是因為麵團烘烤後緊縮而造成。緊縮後的塔餅會使得本來填放的餡料無法全部放入，同時口感也會變硬。

為什麼烘烤後會緊縮呢？造成麵團緊縮的原因，在於製作麵團的過程中，奶油的溫度升高、過度搓揉，或是有什麼原因導致麵團烘烤過度。這樣的情況應該有2個因素。

首先，烤箱的門一旦被打開溫度就會下降，受到這些的影響烘烤的溫度變低，不易烘烤出色澤，致使烘烤時間變長，而麵團緊縮。

其次是，麵團的擀壓不均勻而在舖放時以手指用力按壓後，麵團變薄的部分很快就過度受熱而緊縮起來，這也會連帶地造成麵團緊縮，所以需要多留意這些重點。

 在糕點的製作上大都使用細砂糖，
但塔麵團中為什麼使用的是糖粉呢？

 使用糖粉烘烤，表面比較光滑，
同時可以烘烤出鬆脆的口感。

一般糕點製作，使用的都是細砂糖，但塔麵團中使用的是糖粉。使用糖粉，是為了使烘烤完成的塔餅能有光滑的表面，放入口中可以有入口即碎的鬆脆口感。

相較於海綿蛋糕等其他麵團，塔麵團是水份量較少的配方，砂糖不易溶於水份的狀況下製作出麵團。砂糖一開始加入奶油「油脂」混拌，再加入雞蛋的「水份」，所以砂糖先被油所包覆，會更難溶於水份當中。使用糖粉的話，即使是在這樣的過程下都可以很容易地分散在麵團裡。

一般出售的細砂糖粒子會比糕點製作的砂糖更粗大，若使用的是這種砂糖，在烘烤完成時將會看得到砂糖的結晶，或是未溶於水中的砂糖被焦糖化，食用時結晶部分會有堅硬的口感。

砂糖粒子的比較

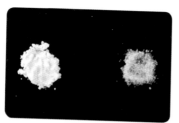

左：糖粉、右：細砂糖。

砂糖的種類及對烘烤成品的影響

左：使用糖粉的塔餅，右：使用細砂糖
的塔餅。使用細砂糖，表面會浮現出砂
糖的結晶，產生硬脆的口感。

Q ★★★
當塔麵團的配方改變時，有什麼是必須注意的呢？

A
以製作出酥脆口感的奶油份量為主軸，變化配方用量。

塔麵團是利用奶油中的酥脆性，製作出塔餅的酥脆口感。因此相對於麵粉的配方用量，以增減奶油用量為主軸，來改變配方用量。

奶油的配方用量減少，麵團中的鬆脆口感也會隨之消失。

另外，砂糖用量增加，除了麵團會變甜之外，也會變硬。因為未溶於水份當中的砂糖，在加熱後會被焦糖化。

以基本的塔麵團配方為基礎，增減奶油及砂糖用量，再添加可可粉或堅果類，就可以製作出想要的麵團。以下是麵團的配方變化，請大家參考看看。

基本的塔麵團　　　　　　　　圖表3

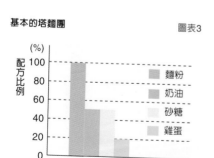

1　雞蛋混拌量的計算公式

(1)　奶油用量為麵粉50%時(→圖表3)

基本的塔麵團。因為是由奶油製作出麵團的膨脹體積,所以份量增減,也必須調節雞蛋的用量。

雞蛋用量 = (奶油 + 砂糖 + 麵粉) X 0.1

例如 (奶油 125g + 砂糖 125g + 麵粉250g) X 0.1 = 雞蛋 50g

(2)　奶油用量多於麵粉50%時(→圖表4)

奶油的配方增加,砂糖的配方也減少,塔餅會更酥脆。相較於基本配方,奶油增加了25g,而雞蛋減少了10g。

例如 (奶油 150g + 砂糖 100g + 麵粉 250g) X 0.1 =50g

50g - 10g = 雞蛋 40g

圖表4

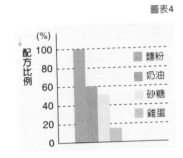

(3)　奶油用量少於麵粉50%時(→圖表5)

奶油的配方減少,砂糖配方增加的麵團,會烘烤成更硬實的塔餅。相對於基本配方奶油減少25g,而雞蛋則增加10g。

例如 (奶油 100g + 砂糖 150g + 麵粉 250g) X 0.1 =50g

50g + 10g = 雞蛋 60g

圖表5

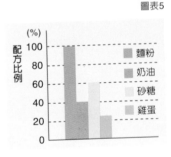

2　添加杏仁粉等堅果粉類時

考慮到堅果粉類會吸收麵團中的水份,因此必須將麵粉量減少約堅果粉末重量的30%。

3　添加可可粉時

添加可可粉時則減去等量的麵粉。

除此之外的調配方法,也可以改變蛋白質份量地將全蛋換成蛋黃,或是改變麵粉的種類,將部分的麵粉置換成澱粉製品等。以上的例子都只是參考標準,必須以實際試作來加以調整。

利用奶油的可塑性製作
派麵團

Feuilletage

　　派麵團，最具代表性的就是千層派(Feuille)和皇冠杏仁派(Pithiviers)，可以享受層層的薄片堆疊出酥鬆易碎的口感，再加上香濃奶油香氣的糕點。

　　以麵粉製成被稱為外層麵團 (Detrempe)包裹住奶油，擀壓後折疊起來，重覆這樣的步驟，就可以製作出層層疊疊的口感。為了能烘烤出漂亮的層次，必須要使奶油與外層麵團的硬度相近，同時擀壓成相同的薄度，是最大的重點。

　　派麵團，除了折疊派皮麵團的基本製作方法之外，還有反轉折疊法(Feuilletage enversé)和快速折疊法(Feuilletage rapide)等方法。Enversé在法語中是反轉的意思，與基本製作方法相反，以奶油包裹外層麵團折疊而成。而Rapide則是「快速」的意思，混拌奶油及麵粉，有別於折疊派皮麵團，可以簡單迅速地完成。請大家先了解這些相異之處，再靈活地運用於糕點製作上。

派麵團　基本的製作方法

[參考配方範例]

外層麵團

低筋麵粉　250g
高筋麵粉　250g
鹽　10g
奶油　80g
冰水　250g

奶油　370g

準備

・低筋麵粉和高筋麵粉一起過篩備用

＊烤箱因機種及形態的不同，烘烤溫度及時間會略有差異。

1

製作外層麵團
在低筋麵粉及高筋麵粉中加入鹽混拌。以手將冰冷的奶油捏成小塊加入粉類中。

2

用手揉搓混拌材料。

3

加入冰水，以手粗略地混拌。

4

當麵團大略整合後，從鋼盆中取出，將麵團整合成圓形。

5

當麵團表面變得滑順，推整成漂亮的圓形並在上方切割出十字的形狀。放入塑膠袋中於冰箱內靜置1小時以上。

6

以外層麵團包覆奶油

將冰冷的奶油塊放在撒著手粉的工作檯上，以擀麵棍敲打來調整奶油的硬度，將奶油敲打成長寬約25cm的正方形。

7

將麵團由切口向四邊攤開成四角形，並擀壓成比奶油更大的正方形。將奶油以45度交錯的方向，放置在麵團中央。

8

將麵團的四角折向中央地包裹住奶油，麵團接合處必須注意避免空氣進入其中。

9

擀壓麵團後折疊

將麵團擀壓成長方形。寬度維持不變(約25cm)，長度則約擀壓成3倍(約75cm)。

10

撒上手粉，將靠近身體那端1/3的麵團向前折疊。接著將外側1/3的麵團覆蓋在折疊好的麵團上，並像是要使其確實重疊般地，邊轉動擀麵棍邊按壓。

11

90度轉動麵團後，同樣地擀壓成3倍長度的大小，再折疊。在重覆2次3折疊的步驟之後，用塑膠袋包妥麵團，放至冰箱內靜置1小時。之後再重覆2次9～11的步驟。

12

完成烘烤

擀壓麵團、成形並且打孔。以上火200℃、下火200℃的烤箱烘烤15分鐘，再轉成上火180℃、下火160℃繼續烘烤15分鐘。

＊如果使用的是可以排放出烤箱內蒸氣的機種，在溫度下降後排放出蒸氣，就能烘烤得更香脆。

●●●派麵團　什麼樣的材料，分別有哪些作用呢？

1　如何製作多重層次？

　派麵團是使奶油和外層麵團(主要是由麵粉和水製成的麵團)變薄交疊的層次，重疊多重層次製成。

　外層麵團、奶油、外層麵團重疊的3層麵團，擀壓後折疊的重覆動作，可以製作出上百層的層次。

　麵團層層重疊，外層麵團層之間會相互沾黏，所以其間必須夾著奶油才不會相沾黏。

2　為什麼多重層次會膨脹起來？

奶油和外層麵團中部分的水份，加熱後會變成水蒸氣將麵團向上撐起，形成多層重疊的層次。這就是折疊派皮麵團產生層次的原因。

折疊派皮麵團的剖面

＊桃紅色：外層麵團(以紅色的食用色素著色)、白色：奶油。

●●●派麵團　在製作過程中的結構變化

烘烤步驟中的折疊派皮麵團

派麵團放入烤箱加熱，奶油在短時間內會因高溫而融化。擀成薄片的外層麵團因位於融化奶油之間而受熱，開始烤熟。

奶油中所含的水份(約為奶油的16%)，會因加熱而變成水蒸氣，推起被擀壓成薄片的外層麵團，在每一層的外層麵團中形成空隙。

外層麵團中所含的水份，部分會用於糊化澱粉，同時麩素(蛋白質)也受熱烤熟。

隨著熱度的增加，外層麵團彷彿是浸泡在奶油當中被油炸般地烤熟。原本的外層麵團是乾燥狀態，隨著烘烤，水份變成水蒸氣排出，使得外層麵團間形成的空隙更加寬大。

●●●派麵團　麵糊製作的基本

　以擀麵棍擀壓重疊了外層麵團、奶油、外層麵團的折疊派麵團，將奶油和外層麵團擀壓成幾近相同的薄度，非常重要。

也就是奶油與外層麵團能一體化，像是黏土般地擀壓開。爲了使奶油發揮所擁有的可塑性特質，應用於派麵團，必須在13℃前後才能發揮，因此隨時保持奶油的溫度也是重點之一。

＊派麵團中，所謂的奶油可塑性，是指奶油在適度的硬度之下，在某個溫度帶內可以不中斷，薄薄地延展之特性。

●●●派麵團　其他的製作方法

1　反轉折疊法　Feuilletage enversé

　Enversé，在法語中是「相反」的意思。也就是基本折疊派皮麵團，以外層麵團包裹著奶油來製作，而這種麵團則是以奶油包覆麵團折疊製作，是相反的製作方式。

1　爲使折疊用的奶油能有更好的延展性，先揉入麵粉。

2　將1的奶油擀壓成長條狀，將麵團放置在上面，奶油、麵團、奶油交互重疊地將其折疊成3折。最後則是與基本派麵團的步驟相同。

奶油

麵團

3　第1次3折疊結束時。

2　快速折疊法Feuilletage rapide

　　Rapide在法語中，是「快速」的意思。並不是如同基本折疊派皮麵團般，製作外層麵團，再連同奶油一起折疊，而是將奶油和麵粉粗略混拌後整合而成的麵團。

　　在麵粉當中混入奶油，就像壓縮板一樣呈斷續的重疊構造。當這樣的層次被切斷，麩素的作用會造成麵團緊縮的力量，因此基本的折疊派皮麵團，外層麵團以及2次折疊之後，都必須靜置麵團約1小時；但這種快速折疊法的麵團，只要靜置20～30分鐘左右即可。因此可以快速地完成。

　　雖然可以烘烤出鬆脆的口感，但卻不太容易呈現出派皮的層次，層次也不太會向上膨脹。因此適用於薄形的派餅。

1　在冰冷切成塊狀的奶油中撒上麵粉。

2　加入水和鹽，粗略混拌後，揉合成麵團。靜置於冰箱內10～15分鐘。與基本的折疊派皮相同，將麵團折疊成3折或4折，每次靜置的時間約20～30分鐘即可。

3　最初擀壓麵團時(麵粉團與奶油呈斑駁塊狀)。

4　隨著折疊次數的增加，漸漸地麵團就會變成滑順的狀態。

不同製作方法的烘烤成品

左：基本折疊法的派餅，中央：反轉折疊法，右：快速折疊法。快速折疊法不容易呈現層次，而層次也不太會向上膨脹。

折疊派皮麵團，烘烤完成有多少層呢？

進行6次3折疊的動作，所以理論上，完成應達到730層。

　　折疊派皮麵團會隨著折疊次數的增加，使得外層麵團和奶油變得越來越薄，層次也越來越多。進行6次3折疊，理論上麵團層和奶油層共有1495層，烘烤完成因奶油融化所以應該至少可達到730層。

折疊派皮麵團的剖面

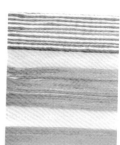

2次3折疊：可烘烤出10層。

4次3折疊：可烘烤出82層。

6次3折疊：可烘烤出730層。

＊桃紅色：外層麵團(以紅色的食用色素著色)、白色：奶油。

外層麵團必須揉搓至什麼程度呢？

表面滑順地整合即可，不需要搓揉地混拌。

　　折疊派皮麵團的外層麵團，像麵包一樣不需過度搓揉，只要輕輕地揉和成圓形。過度搓揉會造成麩素的彈力變強，在折疊過程中，麵團會難以延展，因此這個階段就必須先適度地抑制麵團的彈力。所以只需要揉和至表面光滑即可。

STEP UP 使麵粉均等吸收水份的整合法

　麵粉中添加的水份，如果不能均勻地吸收，不管怎麼混拌，麵粉都會殘留下硬塊。應用在揉和麵團，讓水份能均勻地被麵粉吸收，也非常重要。

添加在麵粉中的水份，可以先留下少許。粗略地混拌後，就可以發現有些麵粉充分地吸收了水份，有些麵粉則沒有吸收到，這時再將留下的少許水份澆淋在不足的部分，使麵粉能均勻地吸收，就可以將麵團揉和整合成團了。

左：標準麵團、右：沒有均等吸收水份的麵團。右邊不管怎麼揉和，都還是會有麵粉的硬塊。

 外層麵團必須靜置多久才最適當？

 試著用手指按壓外層麵團，大約是按壓後指痕不會恢復的程度。

外層麵團靜置標準

左：靜置程度不足的麵團、右：完全靜置後的麵團。像右邊的麵團般，必須靜置至按壓後的指痕不會回彈的程度。

　靜置外層麵團的原因有2個。揉和步驟剛完成的外層麵團，其中麩素的彈力過強，即使進行擀壓也會回縮，為了使彈力減弱而需要靜置麵團。其次是為使水份能均勻地傳至全體麵團當中，也就是讓澱粉慢慢地吸收水份，使得麵團可以變得更加滑順且具有光澤。

標準的參考時間是靜置1小時左右。必須靜置到以手指按壓麵團，按壓指痕會留在麵團上。

外層麵團的靜置時間不足，彈性還很強，手指按壓處的麵團會立刻恢復原狀。這時就必須繼續靜置，直到按壓的彈力減弱為止。

....

STEP UP 麩素網狀結構的重組

外層麵團是揉和而成，力量是來自周圍的四面八方，所以混合完成，麩素的網狀結構會朝向所有施力的方向撐開，在這種狀態下擀壓外層麵團，將會助長網狀結構的紛亂狀態。

麩素的網狀結構，應該是呈規則的網狀。擀壓外層麵團會使結構混亂，麩素會產生回復規則網狀的反作用力，使得麵團整體緊縮起來。

麩素紛亂的網狀結構，在1小時的靜置期間，被撐開的部分會自行再重整成規則排列的網狀。重組過程結束後，再進行擀壓，網狀結構就不會有反作用力，擀壓後也不會再縮小。

....

參考 …238〜239頁

Q ★★ 外層麵團的麵粉，為什麼要混合高筋和低筋一起使用呢？

A 麵粉的蛋白質含量，會影響層次向上膨脹的方式及硬度，
混合蛋白質含量不同的低筋和高筋麵粉，就可以作出所需要的烘烤成品。

派麵團是由外層麵團和奶油層所構成，烘烤後形成鬆脆口感是外層麵團部分。因此外層麵團所使用的麵粉種類不同，完成後的層次高低、硬度及風味也會隨之改變。

關鍵就在於麵粉中蛋白質所形成的麩素。高筋麵粉的蛋白質比低筋麵粉多，可以形成較多的麩素。

外層麵團中形成的麩素多，彈力也會變強，因此可以使外層麵團與奶油的層次更容易形成，也更容易向上膨脹。此外，也會比使用低筋麵粉更具口感硬度。

根據想要形成的麩素多寡，來調整麵粉中蛋白質含量。除了使用單一高筋或低筋麵粉之外，也可以藉由混合2種麵粉，取得中間性質的成品。

充分瞭解高筋與低筋麵粉的特性，考慮成品的口感，就可以決定出最接近理想的配方了。

＊麩素是由蛋白質加水混拌形成。麵粉的蛋白質含量多，形成的麩素也就多，同時水份配方也必須增加（→241頁）。

表19

低筋麵粉與高筋麵粉成品比較

		低筋麵粉	高筋麵粉
成份	蛋白質含量	6.5～8.0%	11.5%～12.5%
	麩素量	少	多
烘烤完成	烘烤後的體積	低	高
	層次的膨脹度	不良	良好
	層次的硬度	柔軟、易碎	具硬度且鬆脆

麵粉的種類對層次膨脹的影響

左邊使用低筋麵粉、中間使用高筋和低筋各50%混合、右邊使用高筋麵粉製成的外層麵團。

STEP UP 食鹽具有使麩素產生作用的效果

在外層麵團中添加食鹽，可以使得麩素的網狀結構更加緊密，也可以適度地增強外層麵團的彈力，有助於將外層麵團擀薄，也能讓派麵團在烘烤後，外層麵團得以層次明分且保有其硬度。

外層麵團的配方，以添加鹽份為前提，再視低筋麵粉與高筋麵粉的混合配方，調整彈性就可以了。

在外層麵團中添加鹽份對烘烤完成的影響

左：標準（添加鹽份）、右：無添加鹽份。添加鹽份可使層次更加分明。

 Q 塊狀的奶油，要如何使其開展變薄？

 A 以擀麵棍敲打冰冷的奶油使其開展。

調節奶油的硬度，可以把剛從冰箱取出的奶油放在撒有手粉的工作檯上，以擀麵棍敲打成薄薄的正方形。

此時，以手觸摸或長時間放置在常溫中，會使奶油失去最適合的硬度，變得太軟。奶油只要一旦融化，就會永遠失去其可塑性，所以必須要特別注意。

奶油硬度的調節及整形

 參考…288頁

1　以擀麵棍敲打使其平整開展。

2　將奶油轉動90度，同樣地敲打整型成薄薄的正方形。

Q 折疊派皮麵團的奶油
必須調整至什麼樣的硬度呢？

A 折疊步驟的過程中會使奶油變軟，
所以要調整成稍硬的狀態。

折疊派皮麵團的製作上，最重要的就是外層麵團所包裹著的奶油必須開展成薄薄的正方形。外層麵團的硬度不會因為溫度而有太大的變化，但油脂類的奶油硬度，卻會因溫度而有相當大的不同。

一般而言，食譜上都會說將奶油調整成與外層麵團相同的硬度比較好，但是實際操作上，奶油的硬度略高於外層麵團的硬度，會比較容易擀開。擀壓麵團時，外層麵團會略有縮小的傾向，但若是奶油稍硬，就能夠抵抗麵團中緊縮的力量而保持住形狀，所以麵團整體較不會縮小，相對比較容易擀壓。

奶油薄薄地展開，大約13℃左右的溫度，也是可塑性最能發揮的溫度。麵團的溫度，也關係著奶油溫度的控制，考慮到在擀壓過程中溫度會上升，建議可以由稍硬的10℃左右開始。

參考⋯139頁／288頁

Q 以擀麵棍擀壓包覆奶油的麵團，
為什麼奶油會產生裂紋呢？

A 原因是麵團過度冷卻，或是使用的奶油可塑性低。
以這樣的麵團烘烤，成品的層次膨脹狀況較差。

麵團放在冰箱過度冷卻，或是使用的奶油可塑性低，即使麵團被擀壓開了，但奶油並沒有隨著外層麵團一起被擀開，這就會產生裂紋。這種狀況，由麵團表面就可以看見奶油的裂紋，如果繼續進行折疊步驟，這個部分的層次會因而斷裂，烘烤完成的層次與膨脹狀態較差。關於這個部分，以下來詳加說明。

1 麵團過度冷卻

派麵團的折疊步驟中，靜置麵團，若是長時間放置在低溫的冰箱裡，麵團過度冷卻，成為未解凍的冷凍麵團，在這種狀態下進行擀壓，因為過度冷卻奶油變得太硬而失去可塑性，一旦擀壓麵團，奶油就會出現裂紋。

2次3折疊步驟完成，奶油層還相當厚，所以很容易產生這種狀況。因此，要長時間以冷藏或冷凍保存，可以在完成4次3折疊之後，奶油層變薄時再保存比較適合。

2　使用可塑性低的奶油

　　使用可塑性低的奶油，也會因奶油的延展性不良而產生裂紋。奶油有各式各樣的類型，一般而言含水份較多或是粒子較粗，被認爲是可塑性低、延展性差的奶油種類。使用於派麵團，選擇的奶油不僅是風味，也須考慮到低水份、易於延展的特性。

失敗例

奶油的延展性差，出現裂紋的麵團。

標準例

成功的麵團。

奶油的剖面

左：粒子較細滑順的奶油、右：粒子較粗的奶油。粒子較粗時可塑性較低不易延展。

 擀壓折疊派皮麵團時，麵團變得十分柔軟。該怎麼辦呢？

 即使在過程進行中，也可以放入冰箱冷卻。

失敗例

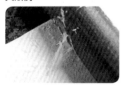

奶油融出外層麵團，造成麵團的沾黏

　　當麵團變軟，原因在於室溫過高或是擀壓時間太長，使得麵團當中的奶油溫度升高所造成。

　　進行派麵團的擀壓步驟，即使只是感覺到麵團有一點變軟，也請立刻放入冰箱中冷卻。

　　奶油若變得過軟，即使冷卻凝固後，也無法再回到原來的狀態。放入冰箱中再冷卻凝固，但再回到常溫中擀壓，會很快地再度變軟。因此，從冰箱取出後必須儘快進行。

　　若繼續以變軟的麵團擀壓，奶油會融出外層麵團而沾黏在擀麵棍及工作檯上。變成這種狀態，就無法再修復了。

 …285頁／286頁

擀壓折疊派皮麵團，麵團表面會產生白色和黃色的硬塊。
為什麼呢？

 因為麵團表面太乾燥，烘烤後的層次膨脹狀態會變差。

麵團中的奶油溫度升高，全體的麵團會變得黏手，很容易使用過多的手粉。如此一來粉末太多，麵團表面也沾上很多手粉，被麵團水份吸收的部分就會變得乾燥。此外，麵團的乾燥，也有可能是在靜置麵團時，沒有用塑膠袋包妥所造成。

更嚴重，乾燥的部分會變硬，變硬的地方延展性也會變差，導致擀壓時奶油流出外層麵團，形成表面的白色及黃色硬塊。變硬的部分在折疊步驟時，會被折入中間，因此烘烤時層次與膨脹狀態會變差變硬。因此手粉必須控制在最小限度內，並且邊以刷子刷落多餘的手粉邊進行擀壓步驟。

失敗例

表面沾附許多手粉。

以擀麵棍擀壓時延展性差，
表面出現白色和黃色的硬塊。

標準例

正確完成的麵團。

 折疊派皮麵團的製作過程中，進行2次3折疊後，
為什麼必須要將麵團靜置於冰箱中？

 為了使外層麵團的彈力鬆弛更易於擀壓，
同時也為了冰冷變軟的奶油。

折疊派皮麵團，進行2次3折疊後，為了使下個步驟更容易進行，必須將麵團靜置在冰箱中。使麵團中麩素的彈力鬆弛，也為了冷卻折疊在其中的奶油。以下是更詳盡的說明。

1 　鬆弛麩素中的彈力

擀壓派麵團，麵團的彈力會越來越強。這是因為擀麵棍的擀壓，使得外層麵團就像被用力搓揉般，進而造成麩素緊縮作用的原因。

因此，折疊派皮的步驟1次只進行一個方向，若持續地進行擀壓，會因彈力過強，而無法擀壓成理想的狀態。1次折疊後，必須將麵團轉動90度，再進行1次折疊，之後就必須放回冰箱內靜置。

靜置期間，麩素雜亂的網狀結構，會自然地重組成規則的網狀排列，之後網狀結構就不會產生抵抗，可以輕易延展開來。

2　冷卻奶油

為了凝固步驟中變軟的奶油，再放回冰箱靜置也是必要的。奶油一旦過於柔軟，就會失去可塑性也無法薄薄地延展開。

另外，奶油一旦變得柔軟，麵團也比較容易緊縮。擀壓麵團時，外層麵團會因麩素的作用而產生緊縮的力量，如果奶油的硬度稍硬，即使外層麵團稍稍緊縮，奶油也可以保持住應有的形狀。

…139頁／288頁

Q
★★

重覆進行3折疊時，
為什麼每次都必須將麵團轉動90度呢？

A

因為同一方向擀壓麵團，
可以讓緊縮的力量朝同一方向作用。

折疊派皮麵團，折疊完1次3折疊之後，就必須將麵團轉動90度。由最初的正方形，逐漸擀壓成3倍長度的長方形，再進行3折疊。將麵團轉動90度之後，同樣地擀壓並折疊。如此重覆2次3折疊後的麵團，以最初的麵團來看，是擀壓成相同長寬的狀態，也就是將最初的麵團變成了9層的折疊狀態。

進行完2次3折疊之後，若是將麵團打開，理論上會是右下方的正方形圖。因擀壓成長寬相同的邊長，所以即使擀壓麵團，麩素產生緊縮，也會是長寬均等的作用，麵團不會因緊縮而變形。

若是沒有轉動90度地進行2次3折疊，麵團會只朝同一方向擀壓。如此一來，縱向的緊縮力會變強，而第2次的3折疊，麵團可能就無法擀壓成想要的長度了。

2次3折疊的展開圖

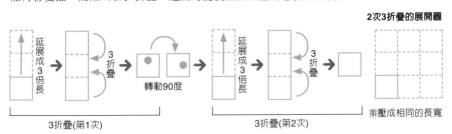

派麵團表面為什麼需要打孔呢？

為了讓麵團可以均勻地膨脹。

Piquer，在法語中是「刺」或是「戳」的意思。派麵團和塔麵團的製作，常會利用打孔滾筒或叉子，刺出小孔洞。

烘烤時派麵團的膨脹，是因為奶油或外層麵團中部分的水份，加熱後變成水蒸氣，將外層麵團上推而成。

打孔的原因，是要藉由孔洞排出水蒸氣，抑制層次過度上推，得以保持均勻的膨脹狀態。

另外，打孔的位置，也可以切斷外層麵團中的麩素，同時具有防止麵團緊縮的作用。

打孔對烘烤的影響

 ⋯125頁／126頁

左：打孔的麵團(標準)、右：沒有打孔的麵團。因為沒有打孔所以無法保持均勻的膨脹。

....

STEP UP 使用打孔滾筒的訣竅

像千層派這樣的大片麵團，希望全體層次能均勻膨脹，打孔滾筒能順利達到這樣的效果。利用打孔滾筒由麵團中央，向上下左右對稱式地滾動。

雖然可藉由打孔而切斷麩素，但轉動滾筒，麵團多少會朝滾動的方向拉動，造成那個方向的緊縮。因此不偏斜地以對稱方向滾動，可以防止麵團的變形。

千層派。為使麵團整體能層次均勻地膨脹，打孔是不可或缺的步驟。

....

Q ★★ 外層麵團除了有添加奶油的作法，也有不添加奶油的配方。
請問奶油具有什麼作用呢？

A 在外層麵團中添加奶油，
可以讓層次更明顯還可以讓烘烤時不容易緊縮。

派麵團在重疊層次時，外層麵團必須薄薄地擀壓開來。此時，雖然需要麩素的黏性和彈力，但黏性和彈力過強，其緊縮的力量也會很強，反而不容易擀壓延展。

若是在外層麵團中添加奶油，奶油的油脂可以稍稍抑制麩素的形成，有助於擀壓。

如此能同時保有外層麵團中麩素的彈力，又能柔軟順利地進行擀壓步驟，可以更容易擀壓延展成薄麵皮，製作出層次膨脹良好的成品。另外，也可以防止烘烤時麵團的緊縮。

外層麵團中添加奶油對烘烤完成的影響

左：添加了奶油的外層麵團、右：沒有添加奶油的麵團。添加奶油的層次膨脹明顯，烘烤後也不會縮小。

Q ★★ 為什麼外層麵團的配方中添加醋，
可以使派皮的層次膨脹更加明顯？

A 醋當中所含的酸性，可以讓派皮的層次膨脹更加明顯。

外層麵團中的麩素，是由麵粉蛋白質中的醇溶蛋白和麥粒蛋白所形成。而其中麥粒蛋白具有易溶於酸性的特徵。

因此，在外層麵團中添加葡萄醋等酸性物質，可以軟化形成的麩素，增加延展性。外層麵團可以柔順且薄地延展，層次的形成也更容易，烘烤後層次更加明顯。

實際上，可以將添加在外層麵團中的水份，置換成葡萄醋，計算在配方當中。添加少量的酸就可以發揮效果，所以葡萄醋約是麵粉重量的5～10%，不會影響到風味也能達到目的。

另外，酒精也可以得到相同的效果。

派麵團

外層麵團添加醋的成品

左：標準、右：在外層麵團中
添加葡萄醋。添加醋之後，層
次膨脹更爲明顯。

 Q ★★ 折疊派皮麵團隨著層次的增加，
烘烤完成的體積也會變得更大嗎？

 A 不見得如此。層次增加，每片層次都很薄，
所以對體積的影響有限，與鬆脆的口感有關。

即使層數增加，也未必烘烤出來的派都是層次膨脹的狀態。而且也不是層次膨脹就是
好的成品。

理論上，折疊次數越少，每層的層次就越厚，層次膨脹起來時體積就越大。因爲層次
較厚，所以口感不是易碎的鬆脆而是酥脆。

隨著折疊次數的增加，層數增加但層次也越薄，所以在口中破碎鬆落，是派麵團獨一
無二的口感。

一般折疊次數中，以6次3折疊來製作，計算出來可以達到730層。但在進行折疊步驟
時，層次會因過薄而被扯破或壓破，因此實際上並不是所有的層次都可以清楚分明。

烘烤時，因奶油和外層麵團所含的水份變成水蒸氣，上推擠壓成薄片的麵團層，但相
較於層次較少的麵團，會因層次太薄反而無法撐高，所以膨脹程度反而受到抑制。

雖然會因折入的奶油重量而有所不同，但4折疊(133頁的10，將3折疊改爲4折疊)約進
行4次，3折疊約6次左右，層次的膨脹最理想，也最可以品嚐出派麵團的口感。

折疊次數不同時烘烤出來的派麵團

由左起4折疊3次(65層)、3折疊4次(82
層)、4·3·3·4折疊(145層)、3折疊6次
(730層)。層數的多寡與派的高度未必
成正比。

利用澱粉的糊化與
雞蛋的乳化性
製作
泡芙麵糊

泡芙麵糊製作的泡芙，大家最熟知的就是奶油泡芙或閃電泡芙。

泡芙，是在麵糊內側產生如氣球般的膨脹，並保持這個膨脹的形狀烘烤而成。這個最大特徵的空洞，是因為麵糊所含的水份在烤箱中因熱度變成水蒸氣，蒸氣的力量由麵糊的內側向外推擠，使麵糊膨脹鼓起而成。

為了形成這樣的膨脹，製作階段中，加熱麵糊製作是最大的特色。藉由加熱，使麵粉當中的澱粉可以完全糊化，加上雞蛋的乳化作用是製作的重點。

泡芙麵糊　基本的製作方法

[參考配方範例] 25個的份量

水　200g
奶油　90g
鹽　2g
低筋麵粉　120g
雞蛋　225g

準備

・低筋麵粉過篩。
・將奶油及雞蛋放置於常溫中。
・在烤箱的烤盤上刷塗奶油(用量外)。

＊烤箱因機種及形態的不同，烘烤溫度及時間會略有差異。

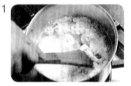

1 在鍋中加入水、奶油和鹽，加熱至沸騰。停止加熱離火後，加入低筋麵粉，混拌至麵糊整合為一，之後再度加熱，邊混拌麵糊邊加熱材料。

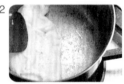

2 在鍋底產生薄膜後，離火移至鋼盆中。

3 雞蛋液分成數次加入，混合均勻。

4 製作成滑順且具光澤的麵糊。雞蛋全部加入後，觸摸鋼盆底部能稍感到微溫即可。

5 將麵糊裝入直徑13mm的圓形花嘴擠花袋中，在烤盤上將麵糊絞擠成直徑5cm的大小。全體噴上水霧。

6  以上火190℃、下火200℃烘烤，膨脹鼓起後將溫度降至上火180℃、下火160℃，確實烘烤至呈烘焙色澤，約45分鐘。

＊更進一步的溫度調節與蒸氣排出等詳細的烘烤細節，請參考164頁。

●●●泡芙麵糊　什麼樣的材料，分別有哪些作用呢？

1　如何製作出空洞的呢？

(1)材料帶入的水份(主要為水和雞蛋)

　泡芙麵糊，與其他的糕點相比，最大的特徵是配方的水份多。水份會因烤箱的加熱，體積增加而有較大的膨脹。

＊水份變成水蒸氣後，體積會比原先大1700倍。實際上，這個數據或許不能相較於泡芙麵團的膨脹大小，但水份可以膨脹成如此的倍率，這樣的力道就足以推擠具有黏性的麵糊，而使得麵糊因而膨脹鼓起。

2　如何製作出泡芙的外皮？

(1)麵粉

　熱水中加入麵粉，藉由加熱，使澱粉粒子吸收水份膨脹變軟，成為具有黏性的糊狀(糊化)。放入烤箱後會持續糊化。此時水份某個程度蒸發完成烘烤，膨脹鼓起的麵糊就成為外皮主體了。

(2)奶油

　製作麵糊，油脂會抑制麩素的形成，切斷過多的澱粉黏性，使麵糊更具延展性。

(3)雞蛋

　製作麵糊的階段中，蛋黃具有乳化分散在麵糊中奶油油脂的作用。

　烘烤階段時，雞蛋的水份具有形成中間空洞的作用。最後雞蛋中的蛋白質會因加熱而凝固，能強而有力地保持住麵糊膨脹起來的形狀。

●●●泡芙麵糊　　在製作過程中的結構變化

1　烘烤過程中的泡芙麵糊

泡芙麵糊表面，在烤箱內直接接觸熱空氣，表面為了鎖住水蒸氣而形成薄膜。

↓

溫度最容易升高的麵糊底部，達到100℃，水份會急速地變成水蒸氣使得體積增加，推擠麵糊並開始形成中央空洞。最後就是中央核心所形成的大空洞。

↓

產生空洞的原因不止一個，麵糊由全體尚未達到100℃的狀態開始，就緩緩地產生水蒸氣，少量的空氣因熱膨脹集中至具有流動性的麵糊中央，形成空洞。

↓

中央的空洞，是由底部向上推擠形成，在表皮上按壓就會壓垮空洞。

↓

空洞變大，表皮變薄，全體就像氣球般膨脹鼓起。

↓

麵糊表面烘烤凝固後，水蒸氣即使想將空洞推得更大，也會因麵糊已經凝固無法再推擠而被抑制膨脹的程度。即使如此，推擠麵糊的水蒸氣因壓力強大，所以會在表面形成裂紋，並會再略微膨脹起來。

↓

麵糊裂紋的溝槽因尚未烘烤成固態，所以被鎖在內部的水蒸氣就會由此排出。待溝槽也烘烤凝固，整體就形成具有硬度且不會塌陷的泡芙了。

泡芙的剖面

　　泡芙的空洞，是由麵糊中的水份在烤箱加熱變成水蒸氣而形成，所以麵糊配方中多含水份是必要的。重要的是隨著中間的空洞越膨脹，麵糊也越柔軟黏稠，因而使麵糊得以充分延展。

　　為能達成這2大條件，泡芙麵糊的製作與其他糕點有相當大的不同。首先，在熱水中加入麵粉混拌，之後再將麵糊加熱，以糊化麵粉中的澱粉，並藉此製作出充滿水份且具黏性的麵糊。

　　並且奶油的油脂成為細小的粒子，越是均勻地分散在麵糊當中，越能製作出具延展性的麵糊。接著放入雞蛋，藉著乳化的力量，使分散的油脂更加安定。最後，以雞蛋的水份來調整麵糊整體的水份含量及黏性。

為什麼要在沸騰的熱水中加入麵粉混拌呢？

 為了使麵粉可以不產生硬塊地均勻吸收水份，
並且能一口氣地進行糊化步驟。

　　泡芙烘烤時，會因麵糊中的水份產生的水蒸氣而形成空洞，所以麵糊材料中飽含大量的水份非常重要，並且隨著如氣球般的空洞形成，麵糊也會變成具延展性且黏稠柔軟，這就是順利完成的第一步。

　　因此，泡芙麵糊相較於其他烘烤的糕點，最大的特徵就是麵糊配方含有相當多水份。在沸騰的熱水中添加麵粉，可以使澱粉粒子吸收熱水而變得膨脹柔軟，形成黏稠的糊化狀態。藉由以熱水使其產生糊化，澱粉所能飽含的水份比用水混拌時更多，而且藉由澱粉的糊化能夠產生具良好延展性的麵糊。

　　所以製作重點在於，麵粉必須均勻完全地吸收水份，並且一口氣地將溫度提高到進行糊化的溫度。因此，不只是用水而是必須用沸騰的熱水，放入麵粉後充分攪拌，整合製作成麵糊。

 參考 …242~243頁

麵粉的糊化

1　加入奶油的熱水加熱至沸騰。　　2　一口氣加入麵粉使其吸水產生糊化。

為什麼要在熱水中加入奶油並加熱至沸騰呢？

 為了使麵糊有更好的延展性。

　　泡芙麵糊中央的空洞變大而全體膨脹起來，爲了使麵糊不被撐破又能延展開來，除了麵糊本身具有柔軟的稠狀糊化之外，麵糊良好的延展性也是重要因素。因爲糊化產生的黏性過盛，反而會妨礙泡芙麵糊的膨脹鼓起。

　　油脂具有切斷澱粉過盛連結的作用，因此在沸騰的熱水中加入奶油，使油脂分散後再加入麵粉，就不會產生糊化澱粉黏性過多的狀態。藉由這樣的方法，更可以增加麵糊的延展性。

有無奶油時對麵糊黏性的影響

在沸水、奶油和鹽當中，加入麵粉混拌的麵糊(參考配方)。

和左邊的參考例相比，沒有放入奶油製作出的麵糊，黏性過強。

有無奶油對烘烤完成的比較

左：參考配方(有奶油)、右：沒有奶油的麵糊。沒有奶油的麵糊，因過強的黏性而妨礙了膨脹，烘烤完成的體積較小。

STEP UP 奶油的作用在於防止產生硬塊

　　加入熱水當中的麵粉，會產生很強黏性的澱粉粒子，並且相互黏合而形成硬塊。若是冷水加入麵粉並不會有這種現象，但使用熱水有助於快速地進入糊化狀態。如果麵粉產生硬塊，無法均勻吸收水份，再加熱硬塊還是不會消失。

　　因此預先在熱水中融化奶油，再添加麵粉，澱粉過盛的黏性會被切斷，能夠防止硬塊的產生。

 Q 熱水中加入麵粉，為什麼還必須加熱攪拌呢？

 A 為加速澱粉的糊化作用。

　　在熱水中加入麵粉整合成的泡芙麵糊，放入鍋中邊加熱邊混拌稱為「揮發水份 (dessécher)」。添加麵粉混拌，會使溫度降低，因此加熱麵糊再提高溫度，進行最主要的目的---糊化。

　　揮發水份的重點，就是要均勻地提高麵糊全體的溫度。即使麵糊的外側因緊貼著鍋底而提高了溫度，但麵糊中央部分的溫度並沒有升高，很容易產生硬塊。

　　此時，將整合好的麵糊攪散，使麵糊可以完全接觸鍋底並重覆翻拌，同時使鍋底的熱度能均勻地傳至整體麵糊中。

糊化不完全的泡芙成品

左：標準、右：最初的熱水溫度太低，揮發水份的步驟不完全。

麵糊必須再攪拌加熱多久比較好呢？
請傳授如何適度地再加熱(揮發水份dessécher)。

 讓麵糊中央部分達到80℃左右非常重要。
參考配方中，在鍋底形成薄膜的狀態可做為判斷標準。

揮發水份，考量到麵糊的溫度來調整火力非常重要。在本書的參考配方中，加熱至鍋底產生薄膜，就是判斷的標準。

這個時候鍋內麵糊中央的溫度達到80℃左右。揮發水份的目的就是為了加速糊化進行，80℃還沒有達到麵粉澱粉糊化時產生最多黏性的95℃，若是持續加熱，麵糊中的奶油油脂會滲出。所以揮發水份階段，必須控制在80℃左右。之後以烤箱烘烤，將溫度調高至澱粉完全糊化的溫度。

隨著累積經驗之後，以手指背觸摸麵糊表面就可以確認溫度了。首先，在麵糊整合成形時先觸摸看看，這個時候應該是可以完全觸摸的溫度，接著邊加熱邊觸摸，確認溫度開始升高，就差不多完成了。

＊配方中麵粉的比例較多或是以小火揮發水份，也有可能不會在鍋底形成薄膜；或是火力太強，有可能在揮發水份的步驟完成前，就已經產生薄膜了。

揮發水份的泡芙麵團

當鍋底出現薄膜，就是揮發完成的判斷標準。

 經過水份揮發糊化後的泡芙麵糊，為什麼要加入全蛋呢？

 必須給予泡芙麵糊膨脹時所需的水份，使油脂能均勻分散，
也為了能鞏固在烤箱內膨脹起來的泡芙，避免泡芙產生塌陷。

1　為提供膨脹時所需的水份

加熱後的麵糊，會因澱粉吸收水份糊化而整合成形。放入烤箱烘烤後，為了使麵糊的中央能形成空洞，水份更是不可或缺。因此麵糊中加入雞蛋也就提供了水份。

2 藉由乳化安定分散的油脂

完成加熱的麵糊，會產生黏性而且奶油的油脂變成更細小的粒子，均勻地分散在其中，成為具延展性的麵糊，因此而有良好的膨脹，這當中具有重要作用的就是蛋黃。麵糊或雞蛋中所含的水份和奶油的「油脂」，本來就是容易分離的物質，但蛋黃中所含的卵磷脂等天然乳化劑，可以乳化水和油，使油脂成為細小的粒子均勻分散在其中。

試著比較全蛋和蛋白製成的泡芙麵糊，就可以理解蛋黃乳化的必要性。蛋白因為無法乳化，所以蛋白製成的麵糊會產生分離，無法製作出滑順的連結，因此烘烤之後不會膨脹起來。

在此順利地使其產生乳化，製作出滑順具延展性的麵糊，是泡芙順利膨脹的重點。

3 鞏固表皮

可能有人會產生疑問，心想如果水份是必要，那麼在最初增加熱水的用量就好了呀。如果只是水份的問題，確實是可以這麼做，但是雞蛋內所含的蛋白質，也擔任著重要的任務。

烤箱內加熱膨脹起來的泡芙麵糊，雞蛋當中的蛋白質會因熱度而凝固，藉以鞏固泡芙避免塌陷。

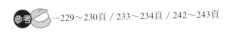

參考 …229〜230頁 / 233〜234頁 / 242〜243頁

蛋黃乳化對膨脹產生的影響

左：加入全蛋(標準)、右：僅加入蛋白。僅加入蛋白的泡芙麵糊，因為沒有蛋黃進行乳化作用，所以麵糊分離而無法膨脹起來。

....

STEP UP 麵團的硬度受雞蛋用量左右嗎？

泡芙麵糊全蛋的配方用量，以雞蛋個數標示，會因雞蛋的大小而有不同，產生必須加以調整的狀況。但除了特別狀況※之外，加入配方中的雞蛋用量(以g表示)，會製作出較容易絞擠的理想硬度。

如果加入配方份量的雞蛋後仍有過硬或過軟的狀態，就可以知道應該是步驟過程中產生了問題。

　　雞蛋的用量具有使麵糊膨脹或有支撐膨脹鼓起麵團的效果。所以並不僅只是用於調整麵糊的硬度而已。

 …161~162頁

※特別狀況：想要留下擠花袋的絞擠痕跡，可以減少雞蛋用量來調整麵糊的硬度。

 Q 揮發水份後的泡芙麵糊中加入全蛋，但卻無法順利地混拌。
請傳授混拌的好方法。

 A 為避免麵糊產生分離地逐次少量地加入雞蛋。

　　在加熱後的泡芙麵糊中，添加雞蛋，一次加入全部用量，會無法均勻混拌。少量逐次地加入充分混拌，就可以避免雞蛋的分離並且使雞蛋更容易乳化。

　　首先加入全部用量的一半。

　　揮發水份後的麵糊溫度較高，為避免麵糊的熱度使蛋液凝固，最先加稍多的蛋液以降低麵糊的熱度。

　　接下來以木杓細切麵糊般地混拌。藉著這種方法增加麵糊的表面積，雞蛋彷彿被麵糊吸收般地可以均勻混入。

　　雞蛋與麵糊某個程度混拌後，接著再攪和混拌。其餘的雞蛋分成數次加入並混拌，待雞蛋全部混拌至麵糊後，以木杓按壓麵糊般地，強力攪動木杓，快速地將麵糊攪拌揉和成滑順的狀態。

參考 …233~234頁

揮發水份後的麵糊與全蛋的混拌方式

1　加入雞蛋，將麵糊細切小塊使雞蛋均勻混拌至麵糊中。

2　混拌至某個程度，再進行攪拌混合至麵糊呈滑順狀態。

請傳授判斷泡芙麵糊完成的重點。

 麵糊具有光澤滑順，並且呈適當的硬度非常重要。

麵糊完成，可以由以下3個重點來加以判斷。

① **麵糊是溫熱的**

試著觸摸鋼盆的底部，以確認是否還殘留有麵糊的溫熱。

當麵糊的溫度降低，澱粉的黏性會增加使麵糊變硬。如此就無法以硬度來判斷麵糊的好壞，或是無法順利絞擠出泡芙的形狀，若是放入烤箱烘烤，花了太長時間使麵糊變熱，而造成膨脹狀況不佳。

② **滑順且具有光澤**

③ **適當的硬度**

以木杓舀起麵糊，麵糊會呈倒三角形的垂下狀態。或是以手指劃過麵糊，留下劃過的線條後，劃過的指痕會緩慢閉合使劃過的線條變細。雖然線條變細，但卻不會消失地殘留在麵糊上。

…245頁

泡芙麵糊完成的判斷標準

呈現滑順並有光澤。

麵糊不會迅速流下，而是呈倒三角形地向下垂落。

手指劃過的痕跡不會消失，只會變細。

Q 依照配方製作，為什麼加入雞蛋後的泡芙麵糊，無法形成恰到好處的硬度呢？

A 製作過程中，麵糊混拌溫度變低所造成。

　　放入配方用量的雞蛋混拌後，完成的麵糊變得太硬或變得太軟，都是下述的過程中，麵糊的溫度變低所造成。

失敗例

過硬。呈厚重塊狀地落下。

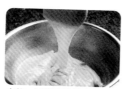

太軟。彷彿帶狀般地滑落。

標準例

麵糊呈倒三角形地垂落。

1　加入雞蛋後麵糊變硬

　　加入雞蛋後麵糊變硬，是麵糊的溫度降低，麵粉中所含的澱粉黏性增加，因而變硬，或是奶油變涼流動性變低也多少會有影響。

(1)使用冰冷的雞蛋

　　添加剛從冰箱拿出來的雞蛋，麵團溫度會急速降低，所以還是使用常溫雞蛋吧。

(2)添加雞蛋的步驟時間太長

　　因害怕雞蛋產生分離現象，所以將雞蛋分太多次加入，步驟時間太長，麵糊全體也會因而冷卻。所以必須快速地進行步驟。

2　加入雞蛋後麵糊變軟

　　加入雞蛋後麵糊變軟，是因為加入雞蛋前的步驟，麵粉當中的澱粉糊化不完全，沒有產生足夠黏性。這種狀態下的麵糊，再加入配方用量的雞蛋，當然就會變得過於柔軟。

(1)添加麵粉時熱水的溫度過低

　　在熱水中加入麵粉，熱水的溫度必須是剛沸騰的100℃左右。熱水的溫度過低，麵粉當中的澱粉就無法完全糊化。

(2)揮發水份不足

為了揮發水份而將麵糊加熱至80℃左右，沒有加熱至這個溫度，澱粉就無法完全糊化，會比應有的狀態更加柔軟。另外，加熱不完全會使得麵糊當中的水份蒸發得比平時更少，這也會影響使麵糊變軟。

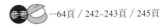 …64頁 / 242~243頁 / 245頁

 絞擠出的泡芙麵糊，為什麼還需要噴撒水霧呢？

 為延遲麵糊表面變乾燥，使麵糊可以膨脹得更大。

麵糊絞擠出來放置後，表面變乾燥會影響到膨脹的狀態。所以在絞擠出麵糊後，為避免表面變乾燥，先噴撒水霧再放入烤箱中烘烤。

藉著噴撒水霧，給予麵糊表面水份，泡芙表面烘烤凝固的時間越晚，麵糊就可以延展使泡芙膨脹變得更大。

另外，在表面刷塗蛋液(也有時會加水)，除了可以防止乾燥，還可以加深烤焙的色澤。

 …152頁

有無噴撒水霧對膨脹的影響

左：標準(有噴撒水霧)、右：沒有噴灑水霧。沒有噴灑水霧烘烤，膨脹狀態較差。

Q 在烤箱中膨脹得很好的泡芙，
為什麼一離開烤箱，就塌癟下來了呢？

A 因為烘烤不足的關係。

烤箱中的泡芙膨脹得很漂亮，認為應該已經完成烘烤地取出後，轉眼間就塌癟下來，這很明顯的就是烘烤不足的緣故。

多注意以下的重點，再適切地判斷是否完成烘烤。

① 泡芙是完全膨脹的狀態。

② 裂紋溝槽也呈現出漂亮的烘焙色澤。

泡芙塌癟，會由最不容易受熱的裂紋部分開始塌癟。因此裂紋溝槽也都確實地烘烤成烘焙色澤與否，非常重要。

③ 以手觸摸，感覺泡芙已經成為不會崩壞的硬度。

④ 因多餘的水份都已經蒸發了，所以手拿起時可以感覺到泡芙的重量很輕。

烘烤不足的泡芙會塌癟，是因為泡芙的空洞中充滿了濕空氣(飽含水蒸氣的空氣)，因烤箱內的高溫而使得體積變大，一旦拿出烤箱後，溫度下降瞬間體積就會縮小，變成尚未烤熟的柔軟麵糊，這是因為空氣和水蒸氣的體積縮小而導致。確實地完成烘烤，就可以保持膨脹形狀了。

烘烤時間對泡芙膨脹狀態的影響

左：標準、右：烘烤時間較短。烘烤時間短，泡芙立刻就塌癟下來了。

Q 請傳授可以烘烤出漂亮泡芙的溫度調節法。

A 最開始時必須注意上火不要過強，
藉著蒸氣的排出而製作出有漂亮膨脹及裂紋的泡芙。

要使泡芙能立體地膨脹起來，烤箱的溫度調節非常重要。

烘烤時的設定溫度太高，最初以過強的上火來烘烤，泡芙的表面過早凝固，使得麵糊無法延展，膨脹狀態也會變差。

相反的溫度太低，麵糊中所含的水份轉變成水蒸氣的時間太長，水蒸氣開始排出時麵糊的表面就開始變得乾燥，同樣也會影響妨礙麵糊的膨脹。

此外，麵糊完全膨脹後，最後形成空洞的水蒸氣及麵糊中的水份會排出完成烘烤，此時烤箱中會充滿著水蒸氣。如果使用的是具有排出水蒸氣功能的烤箱，可以在此排出水蒸氣，讓烤箱內保持乾燥，麵糊中的水蒸氣較容易排出。

烘烤溫度對泡芙膨脹狀態的影響

左：低溫(上下火都是低溫)、中：標準、右：上火較強。溫度低時泡芙小且膨脹狀態不佳。上火過強，外觀會變形且膨脹狀態不良。

- -

STEP UP 烘烤泡芙時烤箱的調節

最開始，為延遲麵糊表面烘烤凝固的時間，所以上火溫度會比下火稍低一點。

↓

完全膨脹至某個程度後，稍稍調高上火，同時調降下火溫度。

↓

如右邊照片狀態，調弱上火。

↓

烘烤至全體呈淡淡烘焙色澤，開始排出蒸氣。這時稍稍調降上下火溫度，烘烤完成的泡芙略有乾燥的感覺。

製作泡芙麵糊，改變使用的麵粉種類，烘烤完成會產生什麼樣的變化呢？

 低筋麵粉會使泡芙外皮變薄，高筋麵粉則會烘烤出較具厚度的外皮。

　　低筋麵粉和高筋麵粉，是依蛋白質含量來區分，特徵在於低筋麵粉含蛋白質量較少，高筋麵粉則是含蛋白質量較多。麵粉的蛋白質(醇溶蛋白、麥粒蛋白)與水一起混拌後，就會形成具有黏性和彈力的麩素。

　　只是製作泡芙麵糊，麵粉並不是加入水而是沸水中，而且已預先加入可以抑制麩素形成的奶油，因為有這2個條件，所以在抑制麩素形成的同時，也可以引發澱粉糊化的特性。

　　即使如此，使用高筋麵粉，蛋白質量較多、麩素容易形成，雖然只是少量但還是會在麵糊中形成，所以改變麵粉種類，必須要著眼於對麩素所造成的影響。

　　以高筋麵粉製作泡芙麵糊，麩素的彈力會比低筋麵粉製作時稍強，影響到泡芙的膨脹狀態。因為麵糊無法延展所以外皮也會變得比較厚，成為較紮實的成品。

 …238~240頁

使用不同種類麵粉的泡芙比較　　　　　　　　　　　　　　　　　　　　　表20

	低筋麵粉	低筋＋高筋麵粉	高筋麵粉
膨脹度	大 ←	→	小
外皮厚度	薄 ←	→	厚
外皮重量	柔軟 ←	→	紮實

＊高筋麵粉的蛋白質含量多於低筋麵粉，相反地澱粉的含量較少，因此糊化時的全體吸水量也會隨之減少。因此製作時必須要減少水份用量(水、蛋)。

Q
★★
改變雞蛋的配方份量，
烘烤完成會有什麼樣的變化呢？

A
雞蛋的量越多，膨脹的幅度會更寬大，
烘烤完成的外皮會是薄而柔軟的狀態。

　　雞蛋配方用量較多，泡芙麵糊會變得柔軟，烘烤完成產生的水蒸氣變多、空洞也會變大，泡芙的形狀也會隨之改變。

雞蛋配方用量不同時的比較　　　　　　　　　　　　　　　　　　　　　　　　表21

	左：雞蛋用量多　中：標準　右：雞蛋用量少	
底部大小		左：會比絞擠的大小更向外擴張 中：比絞擠的大小稍大 右：絞擠出的大小
膨脹程度		左：因絞擠出的麵糊向外擴張，所以會橫向地膨脹擴張 中：全體膨脹成圓形 右：整體膨脹略小
裂紋	淺　←——→　深	
空洞大小	 大　←——→　小	
外皮厚度	薄　←——→　厚	
外皮硬度	柔軟　←——→　堅硬	

1　大小

　　雞蛋的配方用量越多則麵糊會變得越柔軟，絞擠出的麵糊也會向外側擴張，所以會烘烤成底部較大的泡芙。

2　膨脹及外皮的厚度

　　泡芙麵糊放入烤箱中，麵糊內所含的水份溫度升高而變成水蒸氣，推擠麵糊的中央而

形成空洞。雞蛋配方用量越多，麵糊就越柔軟也越容易延展，隨著推擠出的空洞變大，麵糊也會薄。因此會有較大的膨脹，外皮也會越薄。

3　裂紋

泡芙麵糊內部的水份變成水蒸氣時，麵糊表面也會因接觸到烤箱的熱度而慢慢地烘烤成凝固狀態。表面凝固之後，水蒸氣持續著的推擠力量，就會在表面形成裂紋。

另一方面，雞蛋配方用量較多，麵糊整體的延展性比較好，所以裂紋會變得大而淺，烘烤後感覺整體呈圓形的形狀。

如何讓泡芙麵糊有更好的風味呈現呢？

可以添加牛奶。

泡芙麵糊的配方中，將部分的水置換成牛奶，就可以增添麵糊的風味，並且因為添加了牛奶，可以更容易烘烤出烘焙色澤。

麵糊烘烤時的烘焙色澤和香氣，是因為麵糊中的蛋白質、氨基酸及還原糖(reducing sugar)因高溫的加熱，而產生了胺基羰基反應(Amino Carbonyl Reaction)而形成。

泡芙麵糊中，這些成份雖然是由麵粉和奶油而來，但牛奶當中也含有這些成份，因此添加牛奶，可以更促進這些反應，烘烤出更深的烘焙色澤，也能更增添香氣。

…266頁

有無添加牛奶烘烤色澤的比較

左：標準的泡芙、右：配方中部份的水份置換成牛奶的泡芙。添加牛奶後的烘烤色澤較深。

Q ★★★ 想要改變泡芙麵糊的表皮口感，
要如何調整配方呢？

A 請參考下方的配方表來調整變化。

　以水份作爲其他材料的基準，遵守奶油：麵粉＝1：2的比例，以下方的表格爲基本，
可以從最重的麵糊配方至最輕的麵糊配方之間，加以變化比例。

　麵粉及奶油的比例較多，表皮較厚，烘烤完成的口感較紮實，當麵粉和奶油的配方比
例少，則是會呈現表皮變薄，裂紋較淺地烘烤成圓形的傾向。

圖表6

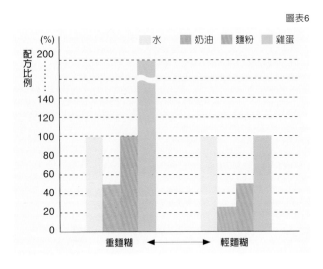

利用結晶性
來製作
巧克力

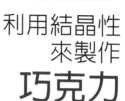

　　融化巧克力製作的糕點，最具代表性的有模型製作的巧克力或松露巧克力...等巧克力糖。表面透著光澤、入口即融以及口感滑順是美味巧克力的3大要件。

　　融化過的巧克力即使再凝固，也無法恢復原有的光澤，所以融化巧克力的溫度調節---調溫(tempering)更顯得非常重要。融化巧克力是破壞原本排列的結晶，再度凝固時也必須排列回其原本漂亮的結晶。

　　基本的製作方法，在此使用少量巧克力也可以很方便製作的「水冷法」來加以解說。巧克力份量較大，可以適用「桌面調溫法」或「薄片調溫法」。無論用的是哪種方法，適合使用的巧克力溫度，並正確地進行調溫，製作出具光澤度的巧克力才是最重要的訣竅。

加入甘那許的巧克力球　基本的製作方法

[參考配方範例]

甘那許(Ganache)

- 苦甜巧克力(可可亞成份56%)　400g
- 鮮奶油(乳脂肪成份35%)　400g
- 奶油　60g

覆淋巧克力

　苦甜巧克力(可可亞成份72%)　適量

準備

- ·切碎巧克力
- ·奶油放置成室溫，攪打成乳霜狀的
  硬度。

製作甘那許

將切碎的巧克力放入鋼盆中，再注入配方份量一半的沸騰鮮奶油。

稍稍放置至巧克力溶化後開始混拌。

其餘的鮮奶油分2次加入混拌(照片中是加入第3次鮮奶油的混拌情況)。

奶油也分3次加入，混合均勻。

倒入模型或方型淺盤中，在18℃的溫度下放置約8小時使其凝固。分切成一口食用的大小。

1

調溫(水冷法)

以約50℃熱水隔水加熱融化覆淋巧克力材料中的苦甜巧克力。將鋼盆放置在冰水上邊混拌巧克力邊使其溫度降至28℃。

2

再次隔水加熱至31〜32℃，保持此溫度的情況下使用。

3

包裹在外層

甘那許巧克力放入調溫後的巧克力中，取出後瀝去多餘的巧克力。

4

做出個人喜好的樣式，放置於常溫中冷卻凝固。

●●●巧克力的構造

巧克力，是在油脂類的可可奶油(法文beurre cacao)中混合拌入可可塊(法文pâte de cacao)、砂糖及奶粉等固體微粒子所製成。雖然也含有微量的水份，但水份會附著在砂糖及奶粉上，所以巧克力能保持固體狀。在室溫中仍保持堅硬，是因爲可可奶油變成結晶凝固，同時也將這些固體微粒子閉鎖於其中。

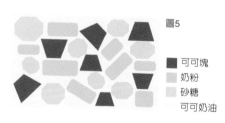

圖5

■ 可可塊
奶粉
砂糖
可可奶油

●●●調溫的必要性

巧克力糕點製作，以隔水加熱融化巧克力，就是融化同時混合著砂糖、奶粉這些固體粒子的可可奶油。

　　將這些粒子再次凝固，很重要的是可可奶油不止要包覆住砂糖及奶粉粒子，還必須復原因可可奶油本身融化而崩壞的結晶構造。這就是調溫。

　　若不進行調溫步驟，巧克力會無法凝固或是凝固後卻失去光澤，表面變白…等現象，既不美觀還會因組織被破壞而影響口感。

●●●調溫　　在製作過程中的結構變化

　　巧克力中所含的可可奶油，是由幾種的三酸甘油脂[※1]等脂質所形成，這些脂質因結晶化[※2]而凝固，所以可可奶油才會凝固。但這些三酸甘油脂的動向並不同，有些會在某個溫度帶內結晶，也有些並不會。

　　也因此可可奶油會因溫度帶的不同，而變化成6種不同構造的結晶形式(I～VI種型態)。製作出表面具有光澤，且入口即化的巧克力，最適合的結晶型態是第V型。

　　調溫的目的，就是融化巧克力的可可奶油，最後使其凝固成V型的結晶型。可可奶油的特性，在調溫結束時，形成的V型結晶仍為少量，但在巧克力凝固的過程中，這些結晶(種結晶)會成為核心地使全體都能成為V型結晶。

※1：三酸甘油脂是甘油中結合了3種脂肪酸所形成。
※2：所謂的結晶，是原子與分子規則地並排呈三次元的狀態。

巧克力(苦甜巧克力)加溫至50℃左右，使可可奶油的結晶完全融化後，再冷卻至28℃。這時是不安定的IV型和III型結晶的狀態。

溫度升高至31～32℃以上。不安定的IV型和III型結晶融化，同時開始轉成V型安定的結晶狀態，並不是所有的結晶都會一口氣在這個時候同時形成V型，而是在有III型和IV型結晶的狀態，又同時存在V型結晶時就完成調溫步驟了。

在室溫下凝固巧克力。在室溫下凝固，安定的V型結晶會領先而後III型和IV型也會轉成V型結晶，最後全體就會凝結成為V型結晶。

可可奶油結晶的型態及融點(由固體變化成液體的溫度)、結晶的安定性　表22

Ⅰ型	16～18℃	非常不安定
Ⅱ型	22～24℃	不安定
Ⅲ型	24～26℃	不安定
Ⅳ型	26～28℃	不安定
Ⅴ型	32～34℃	安定
Ⅵ型	34～36℃	更安定

●●●調溫　其他的製作方法

　在本章開始，曾提及因考慮簡單及方便，所以在此介紹的是適合少量巧克力調溫的「水冷法」。但要進行大量的巧克力調溫，在鋼盆中放入融化的巧克力，再以冷水降溫的水冷法，難以使大量巧克力的溫度均勻下降，因此以下2個方法會更適合。

1　桌面調溫法　＊溫度為使用苦甜巧克力時

　融化的巧克力直接攤放在大理石工作檯上降低溫度的方法。因大理石冰冷且難以傳熱，所以巧克力均勻地接觸到大理石桌面，使其冷卻。

① 巧克力隔水加熱至50℃使其融化，之後將2/3～3/4的份量均勻攤放在大理石的工作檯上。

＊融化的溫度會因巧克力種類及廠牌而有所不同。在45℃前後融化，則將2/3的巧克力攤放在大理石工作檯上；50℃左右融化，則約放3/4量在工作檯上。

② 利用刮刀，將巧克力均勻攤開在大理石工作檯上，利用刮刀重覆攤開及聚攏的動作，將溫度降低到28℃。

③ 將②放入缽中，與缽中溫熱的巧克力混合，使溫度上升至31～32℃。

1　將融化巧克力的2/3～3/4以刮刀均勻攤開在工作檯上。

2　用刮刀將攤平的巧克力聚攏地降低溫度。

3　與鋼盆中的溫熱巧克力混拌後略略提高溫度。

2 薄片調溫法　＊溫度為使用苦甜巧克力時

　　在融化的巧克力中加入切碎的巧克力，以降低溫度的方法。在3種調溫法當中，看起來似乎最簡單，但必須在切碎的巧克力全數加入後，調整成最理想的溫度，所以在融化巧克力中必須添加多少巧克力的份量來調節，在習慣之前會相當難判斷。

① 隔水加熱用量中的部分巧克力至50℃使其融化。
② 剩餘用量的巧克力切成易於融化的碎巧克力，加入混拌，使溫度降至31～32℃。

在融化的巧克力中加入切碎的巧克力使溫度下降。

各種調溫法的溫度調節　　　圖表7

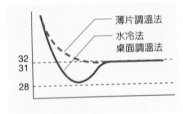

薄片調溫法
水冷法
桌面調溫法

32
31
28

....

STEP UP 添加固體巧克力的薄片調溫法

　　基本的調溫步驟，是將巧克力融化成液狀，冷卻至28℃之後，再加溫至31～32℃。這是「水冷法」及「桌面調溫法」的概念。

　　除此之外，調溫步驟還有稱為「薄片調溫法」，就是在融化的液狀巧克力中加入切碎的固態巧克力，使溫度降低至31～32℃的方法。

　　如此地變化液態巧克力的溫度，巧克力具光澤卻不會凝固，但為什麼薄片調溫法也可以完成調溫呢？

　　在50℃左右的液態巧克力中，加入切碎的固態巧克力，當固態巧克力融化，溫度會自然下降。液態巧克力的溫度會接近31～32℃，當固態的巧克力開始融化，可可奶油結晶是Ⅴ型，剛好成為全體液態巧克力最適合結晶形的領導核心(種結晶)，因此這個方法也可行。

....

苦甜巧克力、牛奶巧克力、白巧克力有何不同呢？

 在苦甜巧克力中添加牛奶成份，就成了牛奶巧克力，
沒有添加可可塊的就是白巧克力。

　　巧克力的原料是可可豆。這其中含有成為巧克力風味關鍵的「可可塊」和油脂成份的「可可奶油」。為了使巧克力有甜度而加入了砂糖，為了口感更溫和而添加了奶粉等乳類成份。

　　苦甜巧克力、牛奶巧克力和白巧克力3種巧克力，依其原料而可分類如下。

各種巧克力的成份　　　　　　　　　　　　　　　　　　　　　　　　　　　　表23

種類	苦甜(黑、苦)巧克力	牛奶巧克力	白巧克力
可可塊	○	○	✕
可可奶油	○	○	○
砂糖	○	○	○
乳類成份	✕	○	○

 考維曲巧克力(Couverture又稱覆淋巧克力)是什麼樣的巧克力呢？

 是含有較多可可奶油的純巧克力。

　　在國際規格當中「考維曲巧克力Couverture」的特徵是含有高可可奶油量的巧克力。

可可奶油是使巧克力能融於口的油脂成份。巧克力在室溫中,是可以被折斷的硬度,但一放入口中就會融化,就是因為可可奶油擁有這種在室溫中是固體,與體溫相近時就會快速融化的特性,也是植物奶油中非常珍貴的性質。

因此,可可奶油含量較多的巧克力在融化時流動性(延展度)較好,凝固時具有光澤且融於口,所以使用在澆淋巧克力糖球的表層時,可以薄薄地覆淋其上。

按照國際規格來看,考維曲(覆淋)巧克力的可可奶油含量必須在31%以上,通常35%以上就被認為是高流動性的巧克力。日本巧克力的規格與此不同,分成以下3類。

① 純巧克力

含有18%以上的可可奶油,沒有添加代用油脂或卵磷脂以外的乳化劑。

② 巧克力

含有18%以上的可可奶油,有添加代用油脂或卵磷脂以外的乳化劑。

③ 準巧克力

可可奶油在3%以上,含15%以上的代用油脂。

以日本的規格來看,考維曲(覆淋)巧克力的可可奶油含量可以說是相當多。

另外,像準巧克力一樣,即使可可奶油含量很少,也能製成巧克力,因為以代用油脂取代可可奶油在日本是認可的。值得一提的是,歐洲有許多國家則不認可這樣的取代方式。

代用油脂是由棕櫚(油椰子)、椰子、大豆等植物而來,風味較差,含量較高時會損及巧克力本身的美味。話雖如此,利用改變代用油脂的組合或脂肪酸的組合,也可以做出適合用於表面覆淋且具流動性的巧克力。

因為適合用於表面覆淋,所以現在也有出售這種專門用於表面覆淋的巧克力。

巧克力糖的澆淋

將巧克力糖放入調溫過的考維曲(覆淋)巧克力中沾裹。

完成沾裹的巧克力糖。

融化巧克力，不可以放入鍋中直接加熱嗎？

 因為以高溫加熱巧克力會造成分離，所以要隔水加熱。

巧克力，是可可奶油中混合了可可塊、砂糖、奶粉等固體微粒子和微量水份而成。融化巧克力，具有流動性且會因熱度而融化的可可奶油，仍必須保持其中所含有的砂糖和奶粉的固體微粒子狀態。

如果將巧克力放入鍋中直接加熱融化，因黏度較高而無法進行熱對流，所以會因局部溫度升高而燒焦。因此引起結構性的崩壞，砂糖和奶粉等無法融於油脂中，只能溶於水的成份會與可可奶油產生分離。所以隔水加熱的緩慢加熱融化比較適合。

 …171頁

 隔水加熱融化巧克力，
為什麼會變硬產生乾燥粗糙的分離現象呢？

 應該是隔水加熱的水流入其中的緣故。

以隔水加熱融化巧克力，不小心讓隔水加熱的熱水進入到巧克力當中，就會變得粗糙且凝固而無法再繼續融化。

因為流進巧克力的水，會與巧克力中油脂的可可奶油成份產生抵抗作用，而無法混入其中，因此這些水份會被吸水性高的砂糖所吸收。砂糖微粒子只要含一點水份就會產生黏性而相互沾黏形成硬塊，所以變得無法繼續融化，這就是巧克力看起來會有粗糙硬塊的原因。

 …171頁

Q 牛奶或白巧克力的融化溫度比苦甜巧克力低，為什麼呢？

A 因為其中含有比可可奶油融化溫度更低的乳脂成份。

　　巧克力因其種類、製法及品牌，在調溫時融化溫度也各不相同。如果產品上有標示溫度，就可以依照標示來融化巧克力。一般而言，牛奶或白巧克力的融化溫度會比苦甜巧克力低。

　　這是因為巧克力中所含的油脂不同所產生的差別。

　　苦甜巧克力的油脂，幾乎都是可可奶油，但牛奶或白巧克因為添加了乳類成份，所以除了可可奶油之外，也含有乳脂成份是二者最大的不同。

　　乳脂的融點(由固體變化成液體的溫度)比可可奶油低，所以其中含有乳脂時融化溫度也會變低。

　　如果將牛奶或白巧克力以高溫融化，奶粉會和砂糖一起變硬，而且容易成為乾粗的狀態，必須非常小心。

牛奶巧克力以高溫融化，
乳類成份會變硬而呈乾粗
的狀態。

巧克力的融化、冷卻、保溫溫度的範例

日本產　　大東可可亞公司的巧克力　　　　　　　　　　　　　表24

種類	融化溫度	冷卻溫度	保溫溫度
苦甜(黑)巧克力	50	28	32
牛奶巧克力	45	27	31
白巧克力	40	26	30

法國　　法芙娜Valrhona公司的巧克力　　　　　　　　　　　　表25

種類	融化溫度	冷卻溫度	保溫溫度
苦甜(黑)巧克力	53～55	28～29	31～32
牛奶巧克力	48～50	27～28	29～30
白巧克力	48～50	26～27	28～29

＊依品牌及製品不同，溫度也略有差異。進行調溫時，可以參考產品上所標示的溫度。

Q ★★★　請傳授調溫的理論。

A　巧克力融化，可可奶油的結晶構造也會產生變化，
所以調溫是為均一地製作出適合巧克力品質的結晶形狀。

關於巧克力的結構與可可奶油的6種結晶型態(→173頁)，如前文所述，但在這裡就稍加說明關於巧克力糖等巧克力糕點在製作時，可可奶油最適合的結晶型態。

1　調溫的目的

調溫目的，就是將融化巧克力中的可可奶油，最後凝固成Ⅴ型結晶型。可可奶油的性質在調溫結束時，Ⅴ型結晶型仍是少量的狀態，利用巧克力凝固的過程，以形成的結晶型作為核心(種結晶)，將全體調整成相同的Ⅴ型結晶。

2　決定巧克力最適當結晶型態的要素

那麼，為什麼要將全體調整成Ⅴ型結晶呢？

可可奶油Ⅰ型～Ⅵ型的結晶型態中，在室溫中也不會融化，能量上最安定的就是Ⅴ型和Ⅵ型，也可以說融點更高的Ⅵ型不易融化，安定性更高。

話雖如此，巧克力在室溫下雖然是固體，但考量到必須能入口即化，融於口的口感也很重要，所以在體溫下會立即融化的Ⅴ型，做為巧克力更適合。

並且，Ⅴ型的結晶比Ⅵ型更小，表面光澤更漂亮，因為Ⅵ型的結晶較大，是造成巧克力表面白色霜花(→180～181頁)的原因。

3　融化巧克力的凝固溫度

為什麼不可以只是單純地加溫巧克力、冷卻凝固呢？

可可奶油冷卻凝固的溫度越低，雖然可以很容易很快形成結晶凝固，但是形成的結晶型態卻是不安定的Ⅱ、Ⅲ、Ⅳ型。不安定的結晶型態，會為了追求自身的安定而逐漸變化型態，最後會達到Ⅵ型，這樣就無法保持理想的Ⅴ型結晶狀態了(→180～181頁)。

4　一度融化巧克力的溫度後，又升高溫度的理由為何？

加熱苦甜巧克力達50℃左右，牛奶或白巧克力約是45℃左右，就可以使可可奶油的結晶完全融化，之後再冷卻至28℃，這個時候開始會形成不穩定的Ⅳ型和Ⅲ型結晶，接著再度加熱至31～32℃，這些Ⅲ型和Ⅳ型的結晶會融化，同時開始形成安定的Ⅴ型結晶。

話雖如此，並不是所有的結晶都會在這個溫度下一口氣地完全形成Ｖ型結晶，同時存在著Ⅲ型和Ⅳ型結晶，也有Ｖ型結晶的狀態下，就完成調溫步驟。

接著，倒入模型或是澆淋步驟中，巧克力會在室溫下凝固，以安定的Ｖ型結晶爲主地將Ⅲ型和Ⅳ型，一起整合成Ｖ型結晶，最後全體凝固，成爲安定的Ｖ型結晶。

 …171～173頁

 為什麼固體的巧克力表面會產生斑駁的白色紋路呢？

 這個紋路被稱為霜花。

光澤可以說是巧克力的主要生命，若是表面出現淺淺的白色或是產生斑駁的紋路…，就是出現「霜花」現象。霜花是巧克力在不適當的溫度下所形成。

造成這個現象的原因可以分成2種，「油脂霜花」及「砂糖霜花」。就來談談這2種霜花吧。

1 油脂霜花

「FAT＝油脂(可可奶油)」是巧克力看起來白白的霜花類型，起因是步驟過程中或保存方法有誤所造成。

經常發生的問題點如下。

① 調溫的溫度不適當。

② 巧克力保存溫度超過28℃，使得巧克力融化後再凝固所產生。

②的狀況，一樣是巧克力沒有經過調溫就凝固，所以原因還是與①相同。

油脂霜花是巧克力沒有在理想的溫度下凝固所造成，可可奶油的油脂浮上表面、結晶變大，因光線的不規則反射而產生外觀變白的現象。可可奶油的結晶並不止在巧克力表面，在內部也同樣會變大，所以變成這種狀態的巧克力。食用時口感粗糙，也不太會融於口中。

順道一提的是，這個時候可可奶油的結晶型態會變成Ⅵ型。Ⅵ型的結晶狀態比Ｖ型大且外觀看起來較白。

就像是調溫成VI型結晶般液態的可可奶油，並不會直接結晶化成VI型，而是在IV型或III型結晶狀態下，隨著時間而逐漸轉變成VI型，霜花也因而產生。在沒有經過調溫而凝固的結晶型態下，不安定的IV型或III型結晶，因其自身的不安定狀態而會自身轉變成安定狀態，最後轉變成VI型。

調溫時溫度不適當產生的霜花

左：正確狀態、
右：霜花。

高溫所引起的霜花

可以看見可可奶油白色的結晶。

2 砂糖霜花

「SUGAR(砂糖)」是造成巧克力變白的另一種霜花類型。放在冰箱保存的巧克力，改於室溫存放所引起。

放在冰箱冰涼的巧克力突然放置在室溫下，巧克力表面會產生結露狀態，形成水滴。就像從寒冷的屋外，進到室內時眼鏡突然起霧一樣。

形成的水滴就是由巧克力中的砂糖所溶解出來，如此狀態下長時間放置在室溫中，水滴會變乾而只留下砂糖的結晶，就會形成看起來白白的霜花。

產生砂糖霜花的巧克力

冰冷的巧克力取出放置於室溫，形成的水滴乾燥後，就會浮現出白色的砂糖。

**對於是否順利完成調溫感到相當的不安，
請傳授如何確認的方法。**

**使用前，以紙或刮杓蘸取調溫巧克力，
視巧克力凝固的狀態就可以判斷了。**

巧克力在完成調溫後，確認溫度調節是否順利完成的方法。在此介紹非常簡單容易的判斷方式。

將紙片或刮杓插入調溫巧克力中，試著薄薄地蘸取巧克力。以沾裹上的巧克力凝固時間和表面的狀態就可以判斷。如果調溫成功的話，巧克力會立刻凝固並且表面也會出現光澤。

如果調溫失敗，不但不容易凝固，凝固後顏色也會變白，變成厚實的質感。這是因為巧克力表面的可可奶油結晶變大，因光線的不規則反射所以看起來變白(呈霜花狀)。

失敗，就必須從頭再重新進行一次調溫步驟。

調溫的確認方法

將厚紙片插入調溫巧克力後，取出。　　取出後立刻可以薄薄地凝固，就是成功的調溫。

 Q ★★ 以模型製作巧克力，為什麼無法順利脫模呢？

 A 有幾個原因所造成，但其中最大的可能就是調溫失敗。

將融化巧克力倒入模型中製作的巧克力。經常聽到大家說，即使巧克力凝固了想要脫模，卻無法順利地取出，造成這個狀況有幾個原因。

第一可以想到的是調溫時沒有順利地完成溫度調節所致。如果溫度調節十分順利的話，放入模型凝固後，巧克力會稍稍收縮。因此，即使直接倒入模型中，也可以漂亮的脫模。

為什麼巧克力會收縮呢？調溫結束倒入模型，可可奶油的結晶型態是不安定的呈III型或IV型，當中也存在著安定的V型。因此凝固時，結晶會以V型為主要核心地將III型、IV型都一起轉變成V型，最後全體會凝結成V型。III型或IV型的密度較低，而V型因密度較高，所以凝固後全體的體積會變小，造成巧克力略微收縮的狀況。

　　調溫失敗巧克力中的可可奶油，會以IV型或III型凝固起來。放入模型時與凝固時的密度並沒有改變，所以巧克力就會與模型密合而無法脫模。

　　調溫沒有問題，就可能是模型有髒污或是模型溫度太低…等因素。特別是金屬製模型，更要注意容易冷卻的問題，通常使用的模型溫度為25～27℃左右。

　　也有可能是巧克力薄薄地放入模型中，因巧克力的用量少而太薄，使得凝固後收縮不明顯而造成不易脫模的狀況。

模型巧克力

成功的調溫，會使模型與巧克力之間形成空隙。

就可以漂亮地脫模了。

失敗例

調溫失敗。因為巧克力沒有收縮，而難以脫模。

 Q 用於Opréa歐普拉蛋糕等鏡面巧克力(pâte à glacer)，
為什麼可以不需要調溫呢？

 A 因為是表層覆淋專用的鏡面巧克力，所以只要融化就可以使用。

澆淋在Opréa歐普拉蛋糕上

1　澆淋上融化的鏡面巧克力。

2　即使沒有經過調溫，也一樣可以薄且具光澤地完成步驟。

　　歐普拉蛋糕等澆淋上巧克力的蛋糕，最方便使用的是專門用於澆淋在表層的巧克力，稱為鏡面巧克力。

　　通常巧克力是由可可奶油製成，所以需要進行融化調溫的步驟，但是澆淋專用的鏡面巧克力等，使用的是植物性油脂(代用油脂)，所以不需要調溫只要融化就可以使用。

Q ★★ 融化巧克力中加入水就會產生分離現象，
為什麼製作甘那許，添加鮮奶油時水份卻可以順利混拌呢？

 A 因為添加的鮮奶油有乳化作用。

融化巧克力時加入水份會產生分離現象(→177頁)，但含有大量水份的鮮奶油卻可以不產生分離地順利混拌，為什麼呢？在此將這些結構及乳化的原因跟大家解說。

1　巧克力與鮮奶油的結構

巧克力是在可可奶油的油脂中，混合了可可塊、砂糖及奶粉等固體微粒子的狀態。另一方面鮮奶油是在水中分散著乳脂肪細粒的乳化結構(水中油滴型)。可說彷彿是「水」和「油」的關係，但水份與乳脂肪可以不分離地混合，是因為乳脂肪球的周圍包圍著乳化劑，使得兩者之間不會直接接觸。

2　巧克力與鮮奶油乳化混合

融化巧克力中加入少量的鮮奶油，以巧克力的可可奶油為基底，使鮮奶油的水份因介於中間的乳化劑而分散，形成油中水滴型的乳化形態。

但是，製作甘那許相對於巧克力的用量，鮮奶油的份量較多，所以鮮奶油緩慢地加入的過程中，遠超過可可奶油量的水份，讓水份反而成為基底，可可奶油和乳脂肪會被乳化劑所包圍，成為粒狀分散(水中油滴型)。

3　使2種材料能順利乳化

為了讓2種材料產生乳化，必須少量逐次地加入並且充分混拌。因此製作甘那許，分成數次加入鮮奶油，從加入鮮奶油的中央開始，邊以劃小圓圈的方式充分混拌使其乳化，邊緩緩地將周圍的巧克力加入其中，使全體能均勻混拌。

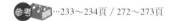
參考 …233～234頁 / 272～273頁

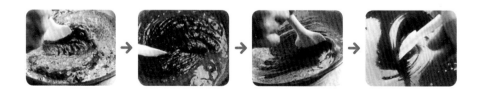

製作甘那許，為什麼使用的鮮奶油
是近35%的低脂鮮奶油呢？

 依其份量，如果使用的是高脂鮮奶油，會比較容易造成分離現象。

　甘那許，以鮮奶油的水份為基底，其中分散著可可奶油和乳脂肪，形成水中油滴型的乳化狀態。這時若成為基底的水份不足，可可奶油等脂肪成份的散佈空間不足，也容易產生分離，所以使用的是低脂鮮奶油(水份較多)。

 參考…233～234頁

 為什麼在甘那許(Ganache)上澆淋考維曲(Couverture)巧克力，
表層會過厚呢？

 調溫巧克力和中央核心無法維持適溫所造成。

　巧克力糖，像甘那許等巧克力上，如果能薄薄地澆淋上具光澤的考維曲巧克力(Couverture)，就是最理想的成品。要達到這樣狀態，最重要的就是溫度管理。考維曲巧克力和甘那許的溫度差10℃以上，就可以做出薄薄的凝固表層了。

1　維持調溫巧克力的溫度

　在步驟中，維持調溫好的考維曲巧克力適溫31～32℃(使用苦甜巧克力時)，當溫度過高或過低，都會破壞了好不容易製作出來的Ｖ型結晶狀態，而造成霜花現象。

　保持調溫好巧克力溫度的保溫器，或是用量不大，可放入鋼盆中邊進行溫度管理邊繼續步驟。在大鋼盆中加入少量巧克力很容易冷卻，所以在小鋼盆中放滿巧克力會比較適合。

　當溫度下降，利用隔水加熱進行溫度調節地溫熱巧克力，再繼續進行步驟。

　或者將鋼盆放入直徑相同的鍋中，以32℃左右的熱水隔水加熱，邊保持溫度邊進行隔水加熱，可以在長時間內保持在適溫狀態。

　調溫好的巧克力的溫度一旦變低，黏性會變強，澆淋後也會使外層變得厚實，所以必須非常注意。

另外調溫好的巧克力必須不時地混拌，使巧克力保持一致的溫度。因為具有黏性所以無論如何都很容易有空氣混入其中，當空氣混入，澆淋上的巧克力上就會產生氣泡，所以在混拌時，必須先將刮杓插入鋼盆的底部，小心避免空氣進入輕巧地混拌。

2 成為核心部分的甘那許溫度

澆淋上調溫好的巧克力，甘那許核心(要被澆淋的巧克力糖核心)大約在20℃左右是最適合的溫度。

因為調溫好的巧克力是31～32℃，所以大約溫差為10℃。調整至這個溫度，澆淋上的巧克力會是恰到好處的厚度，同時也會有漂亮的光澤。

如果被澆淋的巧克力糖(甘那許)的溫度過低，澆淋上的巧克力會由內側開始急速凝固，光澤就會變差。

注意甘那許的溫度。溫度不能過低。

注意避免空氣進入地不時混拌以保持溫度的一致。

Q 請告訴大家最適合進行巧克力製作及保存的環境。

A 製作巧克力時室溫在18～23℃、保存在15～18℃。

製作巧克力，室溫約在18～23℃，濕度大約在45～55%是最佳環境。必須要注意的是溫度太高，巧克力的凝固時間較長，好不容易調溫好的巧克力結晶也會因而崩壞，反而無法製作出具有光澤的巧克力成品。

另外，巧克力製品必須注意光、溫度、濕度地進行保存。理想的環境是太陽不會直接照射到，溫度為15～18℃、濕度45～55%的地方。

即使製作出漂亮的成品，保存溫度不適當，巧克力會融化再度結晶化，形成不安定結晶形，並產生霜花，同時外觀和口感都會變差。

奶油餡

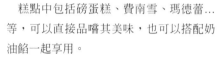

　　糕點中包括磅蛋糕、費南雪、瑪德蕾…等，可以直接品嚐其美味，也可以搭配奶油餡一起享用。

　　搭配奶油餡的糕點當中，有些為了使蛋糕更加出色所以增添奶油餡，也有使用蛋糕來提升慕斯(奶油餡)的風味，不論是做為主角或配角，都能發揮它們美味之處。這個章節中介紹的是最具代表性的奶油餡，香醍鮮奶油(Crème chantilly)、卡士達奶油(Crème Pâtissière)以及奶油餡(Crème au beurre)…等，本身就已經非常滑順且味道豐富，但若是希望更增添其風味，奶油餡之間相互混合使用，可以調配出更多樣的變化。

　　除此之外，使用於巴巴露亞(Bavarois)或慕斯基底的英式奶油醬汁(Crème anglaise)、奶油餡或慕斯，還有更能呈現出輕盈的口感，所使用的義式蛋白霜(Meringue italienne)，以及塔派中所不可或缺的杏仁奶油餡(Crème d'amandes)，若都能熟記下來應用製作，也會非常有幫助。

香醍鮮奶油
Crème chantilly

　鮮奶油打發之後，一般會稱之為發泡鮮奶油。特別是加入砂糖打發，稱為香醍鮮奶油(Crème chantilly)，可以夾在蛋糕內，塗抹或絞擠使用，是一種應用廣泛的奶油餡。

　另外，也有不添加砂糖打發的無糖打發鮮奶油(Crème fouettée)，與其直接使用，不如說更常與其他奶油餡一起搭配，加入巴巴露亞或慕斯當中，或是加入巧克力...等，與具有甜味的材料混合後使用。

香醍鮮奶油　基本的製作方法

[參考配方範例]

鮮奶油　350g
砂糖　25g

準備
・鮮奶油冰冷備用。

1 將鮮奶油放入鋼盆中，鋼盆墊在冰水上。
2 加入砂糖，依照用途打發成所需的發泡程度。

＊以手持電動攪拌器或桌立式攪拌器打發，以中低速→中速打發。
＊雖然砂糖的配方用量會依使用目的及喜好而改變，但通常是5%～10%的比例。

STEP UP 砂糖的種類與添加的時間

　打發鮮奶油，會因為使用的砂糖種類不同，添加砂糖的時間點也會有所不同。

　使用細砂糖，因粒子較大不容易融化，所以在最初階段就會加入一起打發。

　糖粉因粒子較小容易融化，所以在鮮奶油打發至某個程度後，再加入。鮮奶油在沒有加入砂糖的情況下，會因飽含較多空氣而比較容易打發，所以使用像糖粉般可以立刻融化的糖類，打發至中途時再加入。

參考 …196頁

香醍鮮奶油 Q&A

 請傳授有效率地打發鮮奶油的方法。

 以搖晃鮮奶油般的動作來打發。

鮮奶油與蛋白一樣具有發泡的性質,但氣泡形成的方式卻完全不同。要有效率地打發,就必須利用最符合材料發泡原理的方法來進行。

打發蛋白,是以劃出大的圓形般來攪動蛋白,使蛋白飽含空氣;但鮮奶油,會因為攪拌器的攪打,使得脂肪球之間相互碰撞結合而產生發泡,因此以左右搖晃般地打發鮮奶油會是最具效果的方法。

鮮奶油的打發法

攪拌器放在鮮奶油當中,以左右來回攪動的方式打發鮮奶油。

 …277～278頁

 打發鮮奶油,
完全打發前就已經變得乾燥粗糙了。為什麼呢?

 這是因為打發時的溫度太高。

鮮奶油,不管是打發時、保存,或是塗抹打發後的鮮奶油,保持低溫非常重要。

打發鮮奶油,邊以冰水冷卻鋼盆邊進行打發步驟,就可以製作出滑順緊實的打發鮮奶油。沒有冷卻地進行,雖然可以較快速地打發,但鮮奶油的顏色會變黃且粗糙鬆散。

另外,鮮奶油應該要放在3～5℃的冰箱內保存,使用、保存的溫度太高,或是曾經一度溫度過高的鮮奶油,不管進行步驟時如何冷卻,都無法攪打出發泡狀況良好的鮮奶油了。

使用桌立式電動攪拌器，因為無法將電動攪拌器的鋼盆以冰水冷卻進行，所以不僅要注意鮮奶油的溫度必須保持在5℃以下，更要事先將鋼盆冰冷之後再使用，打發步驟進行中必須注意儘可能不要讓溫度升高，並且在打發後立刻放入冰箱中降低溫度。

失敗例

沒有冷卻地打發鮮奶油。顏色偏黃，看起來粗糙鬆散。

標準例

以冰水冷卻攪打的打發鮮奶油。滑順緊實。

 鮮奶油的打發狀況，要如何判斷呢？

 最簡單的方法就是依攪拌器舀起的狀態及落下的狀態來判斷。

判斷鮮奶油的打發狀況，雖然有很多方法，但是一般而言，用攪拌器舀起鮮奶油確認最簡單易懂。

隨著打發鮮奶油步驟的進行，鮮奶油會越來越硬，混拌時會越來越感覺到沈重，因此以這種感覺可以大致判別，接著再試著利用攪拌器舀起鮮奶油。可以用：舀起但卻立刻落下；確實可舀起鮮奶油；舀起時尖角直立，這3種方式來加以判斷。舀起時尖角直立的狀態，幾乎就是打發鮮奶油的最終狀態了。

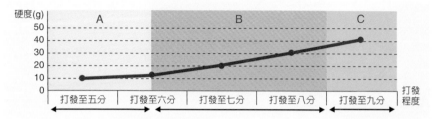

A 打發至五～六分

適合用於巴巴露亞及慕
斯的硬度。

B 打發至六～八分

適合夾心、塗抹及絞擠的硬度。

C 打發至九分

已經沒有滑順感，具
有紮實的硬度。

資料提供：日本ミルクコミュニティ(株)
＊資料的測定方法：將40%的鮮奶油調溫至5℃後打發，在規定容量中取固定的份量，使用黏度計(黏度、
黏彈性測定裝置)的轉換器adapter (20mm)，以g表示10mm浸入時的抵抗值，做為硬度標示。

Q 做為海綿蛋糕裝飾，
鮮奶油必須打發到什麼樣的硬度才好呢？

A 通常使用的是打發至七～八分的鮮奶油，
其中也會配合夾心、塗抹或絞擠等用途，而區分打發的程度。

　鮮奶油會隨著發泡步驟的推進而越來越硬，所以可依不同的用途，區分打發的程度。

(1) 用於表層裝飾→「稍柔軟」六～七分的打發程度

　可以用攪拌器舀起的程度，舀起的鮮奶油還是會從攪拌器上掉落下來的柔軟狀態。放
到蛋糕上時鮮奶油會稍微向外攤開的硬度，可以薄薄地被推抹在蛋糕上。

(2) 絞擠→「稍柔軟～稍硬」七分的打發程度

　能夠用攪拌器舀起，舀起的鮮奶油具有光澤，尖角呈現出柔和的曲線狀態。如果絞擠
出的形狀需要表現出柔軟度，就打發成稍柔軟的發泡狀，用擠花嘴擠出後也會改變鮮奶
油的柔軟度。

打發成尖角直立的狀態，通過擠花嘴擠出，會因壓力而使得鮮奶油的發泡程度更高，絞擠出的線條會稍有裂紋，打發程度要比所需使用的發泡程度更柔軟一些些即可。

失敗例

打發成尖角直立的發泡程度，
絞擠出來後邊緣會產生裂紋。

(3) 夾在海綿蛋糕當中→「稍硬」七～八分的打發程度

以攪拌器舀起奶油，尖角直立但在尖端部分的線條稍呈柔軟狀態的硬度。夾在蛋糕中間的鮮奶油，必須含有某個程度的氣泡，才能支撐住蛋糕及保持形狀，並且具有滑順狀態也非常重要。

用途不同時打發程度的比較　　　　　　　　　　　　　　　　　　　　　表26

裝飾用　六～七分打發的程度

終於可以用攪拌器舀起的　　　放在蛋糕上略外向攤開　　　滑順地完成表面裝飾
程度

絞擠用　七分打發的程度

打發至尖角快變成直立狀態　　邊緣不會有裂紋且具有光澤
之前

中間夾心用　七～八分打發的程度

尖角直立的程度　　　　　　放在蛋糕上時不會向外攤開　　紮實的硬度，可以黏合蛋糕
　　　　　　　　　　　　　可以保持形狀　　　　　　　　體又同時具支撐力

以電動攪拌器打發鮮奶油，
一次放入大量鮮奶油，為什麼體積無法變大呢？

 放入電動攪拌器鋼盆的鮮奶油量太多，
打發時鮮奶油與空氣接觸的面變小，所以空氣也不容易打入其中。

以桌立式電動攪拌器打發鮮奶油，不論鮮奶油用量的多少，使用的都是附件固定大小的鋼盆，因此電動攪拌器的鋼盆容量與鮮奶油用量均衡與否，就會影響到打發的體積。例如，用同一個電動攪拌器打發1公升鮮奶油和打發3公升鮮奶油，鮮奶油量較少的一定會有較膨大的體積。

打發時，接觸到空氣的表面積會吸入空氣。1公升和3公升的鮮奶油放入大小相同的鋼盆中，放入1公升相對於單位容積的表面積比較大，也就是相對於鮮奶油的容積，接觸空氣的部分較多，所以結果就會含有較多空氣，而產生較大的體積。

原則上，鮮奶油大約是電動攪拌器鋼盆容量的1/3左右最適量。

 為什麼鮮奶油的乳脂肪成份濃度不同，
打發速度也不相同呢？

 鮮奶油的發泡是由乳脂肪球所連結形成，
所以乳脂肪越高發泡的速度也越快。

鮮奶油的乳脂肪成份會因製品而有不同，可以依喜好及用途加以區分。

因乳脂肪的成份不同，打發時間也會因而不同。鮮奶油是由於脂肪球之間相互撞擊連結，打入的氣泡之間連結的乳脂肪球會形成網狀結構，成為發泡狀態。乳脂肪成份高的鮮奶油當中，脂肪球的數量比低乳脂成份的鮮奶油多，因此在打發時脂肪球之間的撞擊比率較高，就可以比較早形成打發狀態。

乳脂成份越高的鮮奶油，打發的速度也越快(註：以相同品牌相同類型的製品來比較)。

鮮奶油乳脂肪成份濃度對打發速度的影響　圖表9

參考 …277～278頁

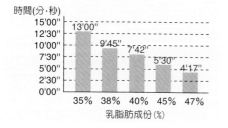

＊資料的測定方法：量測出各脂肪成份的鮮奶油的規定用量後，以5℃的溫度，設定電動攪拌器的轉動次數及打發完成的載重(七～八分打發)，進行攪打，測定從開始至完成的時間。

資料提供：日本ミルクコミュニティ(株)

打發鮮奶油的乳脂肪成份有35～50%，
要如何區分使用呢？

 想要完成輕盈口感時可以使用35%，
絞擠、塗抹等需要具有保持形狀功能時，可以使用接近50%的製品。

打發鮮奶油的乳脂肪成份從35～50%都有，了解其風味及特徵後就能區分使用。當然製作者會因個人喜好或想到製作出的糕點風味，而有不同的選擇，一般而言追求輕盈口感，會選擇乳脂肪成份較低的；想要做出風味較濃郁或需要保持形狀的裝飾，可以使用乳脂肪成份較高的製品。

1 想要完成輕盈口感時，使用低乳脂成份鮮奶油

鮮奶油會因飽含空氣而製作出輕盈口感，想要做出這種口感，就必須使用脂肪成份較低的鮮奶油。

鮮奶油的乳脂肪成份越低，所含的脂肪球數量就越少。如此一來在打發時，脂肪球之間的撞擊率就會降低，在氣泡與氣泡間，因為脂肪球彼此連結的網狀結構需要較長的時間形成，因此也會攪打入較多的空氣，空氣膨脹率(Overrun)有增高的傾向。

所謂的空氣膨脹率(Overrun)，就是打發鮮奶油，含入多少空氣而增大多少體積的指標，可以說空氣膨脹率越高，就是含有越多空氣的打發狀態。

相反地，高乳脂肪成份的鮮奶油，脂肪球的數量比低乳脂成份的鮮奶油多，因此在打發時脂肪球的撞擊率變高，立刻可以打發，但結果是在飽含空氣之前，脂肪球的網狀結構就已經形成了，所以空氣膨脹率較低。求得空氣膨脹率的計算如下列算式。

$$空氣膨脹率(\%) = \frac{打發後的鮮奶油容量 - 原來的鮮奶油容量}{原來的鮮奶油容量} \times 100$$

＊只以乳脂肪製作，沒有添加乳化劑、安定劑的「鮮奶油」。但依品牌不同，均質度及脂肪球的分散狀態也各不相同，因此有時也會與理論有差異。

鮮奶油乳脂肪成份對於空氣含量比例的影響　　圖表10

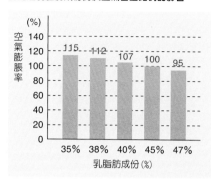

＊資料測定方法：量測出各脂肪成份鮮奶油的規定用量後，以5℃的溫度，設定電動攪拌器的轉動次數及打發完成的載重(七～八分打發)，進行攪打。依規定的空氣膨脹率杯採集完成打發後的鮮奶油，並加以測定，依算式計算出空氣膨脹率(%)。

資料提供：日本ミルクコミュニティ(株)

2 需要保持形狀，則使用乳脂肪成份較高的鮮奶油

塗抹或絞擠使用的打發鮮奶油，希望能保持其狀態，就必須使用乳脂肪成份較高的鮮奶油。

鮮奶油打發時的狀態，在水份中分散的脂肪球之間相互連結，氣泡與氣泡間形成網狀結構。這個網狀結構越密實，打發鮮奶油的體積越大，形狀保持性也越好。也就是乳脂肪成份高的鮮奶油因脂肪球數量較多，打發時的網狀結構越密實，而形成紮實的結構。

3 低脂肪鮮奶油的風味輕盈爽口，高脂肪鮮奶油具濃郁口感

比較鮮奶油風味的濃郁程度，使用乳脂肪近35%左右的鮮奶油口感輕爽，而近50%的鮮奶油，則有濃郁的風味。

味道方面有個人的喜好，但鮮奶油與搭配材料間的適合與否也非常重要。製作巧克力慕斯，就必須選擇口感不輸給巧克力的高脂肪成份鮮奶油，可以相互提升美味，相反地巧克力慕斯爲了製作出輕盈口感，也會有搭配乳脂肪成份較低鮮奶油的時候。

另外，使用大量水果的蛋糕或是以鮮奶油來進行裝飾的蛋糕，爲了提引出水果的爽口，就必須搭配乳脂肪成份較低的鮮奶油，使用上有各式各樣區隔。

…277～278頁

Q ★★ 在鮮奶油中添加較多的砂糖，
打發後的彈力會變差嗎？

A 添加較多砂糖打發，因為不容易充滿空氣，所以形狀保持也會變差。

在鮮奶油中添加砂糖打發，一般是添加5～10%左右的份量。以甜度來看這樣的程度也較適當，如果增加砂糖用量，會因不容易充滿空氣，絞擠出的鮮奶油形狀容易崩壞，必須多加注意。

打發時有無添加砂糖的差別

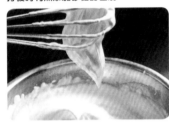

無糖。

添加20%的砂糖。

添加砂糖多寡對打發鮮奶油形狀保持性的影響　圖表11

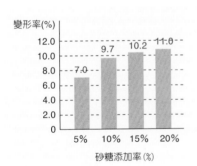

變形率(%)

12.0
10.0 — 9.7 — 10.2 — 11.0
8.0
7.0
6.0
4.0
2.0
0
　5%　10%　15%　20%
砂糖添加率(%)

資料提供：日本ミルクコミュニティ(株)

＊變形率越高，打發鮮奶油的形狀越容易崩塌，形狀保持性越差。
＊資料測定方法：在40%的鮮奶油中加入各種份量比率的砂糖，打發後放入擠花袋絞擠出30～40mm的花形，量測擠出的高度。靜置於25～27℃中1小時，量測其沈降量，再計算出變形率(%)。

卡士達奶油
Crème Pâtissière

　　蛋黃、砂糖及麵粉混拌後，加入牛奶再加熱，利用蛋黃的凝固力及麵粉的糊化，製作而成的奶油狀成品，稱為卡士達奶油(Crème Pâtissière)或卡士達醬。卡士達奶油除了可以單獨使用之外，也可以混拌無糖打發鮮奶油，製成卡士達鮮奶油(Crème diplomate)，與滑順口感良好的乳霜狀奶油一起混拌，就可以製成慕斯林奶油餡(Crème mousseline)，活用濃郁的奶油風味，就能做出各式的變化。

卡士達奶油　基本的製作方法

[參考配方範例]

蛋黃　360g(18個)

細砂糖　300g

低筋麵粉　100g

牛奶　1000g

香草莢　1/2根

＊也可以將低筋麵粉一半的用量替換成卡士達粉或玉米粉。

1 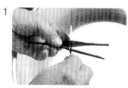 在鍋中放入牛奶，將香草莢的種籽刮出，連香草莢一起放入，加溫至沸騰之前。

2 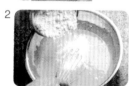 在鋼盆中放入蛋黃和細砂糖，混拌至顏色開始變白為止，接著放入低筋麵粉。

3 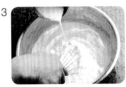　逐次少量地邊加入溫牛奶邊進行混拌。

4 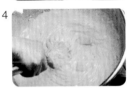　以中火加熱，在加熱的同時不斷地進行混拌。

5 　沸騰時會產生很強的黏性，但持續地加熱，就可以切斷這黏性而開始出現光澤。完成後攤放在方型淺盤上，避免乾燥地包覆上保鮮膜後放涼，置於冰箱冷卻。冷卻凝固的奶油餡過濾後用刮杓混拌，就能夠再回到可使用的滑順狀態了。

卡士達奶油 Q&A

 Q 常有人說「黏性消失為止」是卡士達奶油加熱的判斷標準，具體而言是何種狀態呢？

 A 指的是當加熱至沸騰，黏性增加，會因緊實而變硬，但只要持續加熱，黏性會漸漸變弱，而產生具流動性的狀態。

　　充分地加熱卡士達奶油非常重要，最主要的目的是讓麵粉中所含的澱粉產生糊化(澱粉粒子吸收水份膨脹，產生黏性的現象)。

　　麵粉中的澱粉在溫度達到95℃時，黏稠性變強，是黏度最強的時候(→澱粉12·①)。這個時候雖然產生了糊化現象，但製作卡士達奶油，若在這個階段熄火，就會失去滑順的口感變成黏性過強的奶油餡。

　　邊加熱邊持續地混拌之後，黏性會突然降低，以攪拌器舀起奶油餡時可以流動，黏稠性開始變弱(→澱粉12·②)。這是因為糊化的澱粉產生了破裂黏度(breakdown)現象，部分澱粉分子因加熱而斷裂。加熱至這個時候，就是最初大家所說的「黏性消失」，成為口感滑順且具光澤的奶油餡。

　　卡士達奶油是冷卻後使用，所以必須考慮到糊化的澱粉在冷卻後，黏性會增強非常多(→澱粉12·③)。因此在這個階段切斷黏性，儘可能降低黏度，如此一來，即使在使用時黏度略有增強，也還能保持柔軟滑順的狀態。

參考 …242～245頁

卡士達奶油加熱時的變化

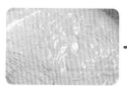

加熱至95℃時黏稠度變強。
缺乏滑順感。

加熱至黏性消失。出現光
澤，黏性減弱變得滑順。

冷卻狀態的比較

在95℃黏稠性最強時熄火。奶油餡硬且
缺乏滑順感。

加熱至黏性消失的奶油餡。柔軟滑順且
具有光澤。

麵粉中澱粉的最高黏度(amylography)　　　　　圖表12

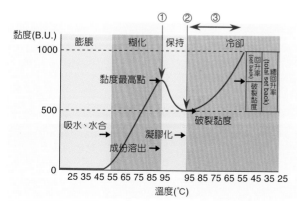

『小麥的科學』長尾精一編

義式蛋白霜
Meringue italienne

在蛋白中加入熬煮糖漿打發，就被稱爲是義大利蛋白霜(Meringue italienne)。具有黏性，硬挺紮實的發泡狀態是最大的特徵。常用在需要讓口感更輕盈，像是以奶油餡爲基底或製作慕斯的時候。形狀保持度佳，所以也常被塗抹在蛋糕表面，或是絞擠作爲裝飾。

義式蛋白霜　基本的製作方法

[參考配方範例]

蛋白　120g(4個)
細砂糖　40g
糖漿
┌ 細砂糖　200g
└ 水　60ml

1 在小鍋中加入細砂糖及配方用量的水加熱，加熱至118～120℃製作出糖漿。

2 在蛋白中加入細砂糖，以電動攪拌器高速攪打。

3 蛋白打發至八分發泡，改爲中速繼續攪打，同時一邊以固定的速度沿著鋼盆邊緣加入1的熱糖漿。爲使糖漿能混拌至全體當中，所以先用高速大致混拌後，轉爲中速持續攪打至溫度稍涼爲止。

義式蛋白霜的黏性較強，所以使用電動攪拌器會比較容易打發。

蛋白霜名稱		製作方法	用途
法式蛋白霜 (Meringue française) 或是 冷蛋白霜 (Meringue froide)	與其他2種不同，因為沒有加熱所以也稱為冷的(froid)蛋白霜	在蛋白中加入砂糖打發	絞擠出個人喜好的形狀，以低溫(130℃)烤箱烘烤乾燥後，可以在中間夾入打發鮮奶油。除此之外，還可以用於蒙布朗、維切琳(Vacherin)…等蛋糕上。
瑞士蛋白霜 (Meringue suisse) 或是 熱蛋白霜 (Meringue chaude)	因為是加熱打發，所以又稱為熱的(chaud)蛋白霜	蛋白中加入砂糖以隔水加熱至50℃左右打發	著色、加入香料後，可以絞擠成較小的形狀低溫烘烤，成為小點心(Petit Four)。與法式蛋白霜一樣可以用於蛋糕上。
義式蛋白霜 (Meringue italienne)	蛋白中加入熱糖漿打發	砂糖加在重量為其1/3的水當中，加熱至118～120℃熬煮成糖漿，再倒入添加砂糖稍稍打發的蛋白中，並繼續打發。	可以運用在奶油餡或慕斯基底。具有形狀保持性，因此也用於塗抹在蛋糕表面或絞擠裝飾。

卡士達奶油　Q&A

Q
製作義式蛋白霜，
為什麼要將砂糖製成糖漿狀態後再加入呢？

A
砂糖可溶於水中，
藉由製成糖漿可以加入更大量的砂糖。

　　義式蛋白霜的基本配方當中，雖然蛋白與砂糖的比例可以在1：1～1：2的範圍內調整變化，但基本上添加了相當於蛋白重量2倍的砂糖。若將這樣份量的砂糖直接加入，因為砂糖會吸收蛋白的水份，所以幾乎無法打發。

　　雖然水份可以溶化砂糖，但蛋白中所含的水份不足，因此像這樣添加大量砂糖的情況，會在添加前先溶於水中製成糖漿。因此將砂糖放入足夠融化的水(砂糖份量的1/3)中加熱，煮至118～120℃，使水份蒸發。糖漿在這樣的狀態下仍有很強的黏性，冷卻之後黏性會更強，所以打發蛋白的形狀保持度也會變得很好。

義式蛋白霜

法式蛋白霜

製作義式蛋白霜，
不可以將全部的砂糖都製成糖漿嗎？

蛋白與部分砂糖同時打發後，再加入熱糖漿，
才能做出細緻的蛋白霜。

　　相較於蛋白直接打發後加入熱糖漿的作法，蛋白中加入砂糖打發後再加入熱糖漿，更能製作出紋理細緻的蛋白霜。

　　打發的蛋白中加入熱糖漿，氣泡中的空氣會因熱膨脹而增加體積，使氣泡變大。因為考慮到這個變化，因此在最初的階段裡，攪打出小氣泡很有必要。

　　為了製作出小氣泡，在最初蛋白打發時加入砂糖會比較好。因為在雞蛋中加入砂糖會成為較難打發的性質，反而利用這個空氣難以打入蛋白的狀況，攪打出較小的氣泡。

　　之後即使加入熱糖漿，氣泡也不會過大，並且能做出細緻的義式蛋白霜。

參考 …225〜226頁

製作義式蛋白霜，將糖漿加熱達118〜120℃，
除了以溫度計之外，沒有其他的判斷方法嗎？

可以利用鍋內沸騰時的氣泡大小，
或是利用糖漿冷卻時的硬度來判斷。

　　糖漿熬煮時因為會產生黏性，除了溫度的量測之外，也可以用黏性的強度來判斷。在此就介紹幾個判斷的方法。

1　觀察糖漿沸騰後的氣泡狀態

　　糖漿沸騰的狀態下，氣泡沒有黏性，加溫至110℃左右才開始出現黏性。最後隨著水份的蒸發黏性也越來越強，氣泡也會變小。到了118℃前後，氣泡大小變得相當一致，所以氣泡變成小而均勻，也是判斷的標準之一。

2　糖漿會在冰水中形成圓球狀

　　將手指放在冰水中冰涼後，以手指拿取糖漿，放入冰水搓揉後可以形成小小的球體(Petit Boulé)。試著以手指按壓小球體，硬度就像麥芽糖一樣柔軟，就是達到118～120℃了。

118~120℃的判別方式

氣泡成為小且均勻的狀態。

將糖漿揉搓後成為小小的球體。如同麥芽糖般的柔軟。

Q
★★
完全依照配方製作義式蛋白霜，但為什麼成品卻過於柔軟且沒有光澤呢？

A
糖漿熬煮過度，或是適溫地熬煮好糖漿，但是卻冷了，所以無法順利進行。

　　製作義式蛋白霜，糖漿熬煮完成的時間點，與蛋白打發時間點的搭配非常重要。糖漿熬煮完成，但蛋白還沒打發，等待打發完成的時間裡，糖漿就冷卻了。一旦冷卻後，即使加入蛋白中也無法完全融合，因為冷的糖漿會凝固在鋼盆底部。

　　如此一來，形同沒有在蛋白中加入配方份量的砂糖，相對於蛋白用量，砂糖的用量較少，即使完成義式蛋白霜，也會變成鬆散粗糙的狀態。

　　添加過度熬煮的糖漿，因糖漿產生凝固，也會變成相同的發泡狀態。

　　加熱糖漿，最初的溫度會緩緩升高，但超過110℃，溫度會突然急速上升。以電動攪拌器打發蛋白，雖然會因蛋白與砂糖的比例不同而有差異，但大致上，當糖漿開始沸騰，再開始進行蛋白打發步驟就可以了。除此之外還有其他的重點。

1 　鍋子的大小

　　製作糖漿，選擇適合糖漿量大小的鍋子非常重要。鍋子過大，會強力受熱使糖漿的溫度立即升高。熄火後因表面積大而容易散熱，立刻就會冷卻下來，難以進行溫度的調節。

　　另外，糖漿注入蛋白霜當中，鍋子較大時殘留在鍋底的份量也較多，會在用量上產生誤差。

2 　鋼盆的大小

　　相對於蛋白用量，以過大的鋼盆進行打發，在糖漿加入後會很容易冷卻，所以必須使用大小剛好的鋼盆。

糖漿溫度不同時蛋白霜的比較

失敗例

標準例

糖漿溫度太低。　　　　　　　　　　　　標準(糖漿溫度在118～120℃)。

....

STEP UP 義式蛋白霜的打發蛋白

　　製作義式蛋白霜，蛋白打發到什麼樣的發泡狀態加入糖漿最好，會視糖漿中的砂糖配方量來調整。

　　糖漿的砂糖量越多黏性越強，會抑止蛋白的發泡，所以確實打發後再加入糖漿比較適合。以下是該在什麼發泡程度加入糖漿的列舉參考。

① 相對於蛋白，砂糖用量在150%以下時......五～七分的打發程度時加入

② 相對於蛋白，砂糖用量在150～200%時......六～九分的打發程度時加入

....

製作義式蛋白霜，添加熱糖漿後，
為什麼必須在溫度降低前打發呢？

 因為在高溫狀態下如果停止打發，
蛋白霜的氣泡會很容易被破壞。

　　雞蛋的氣泡在高溫中容易被破壞，一旦溫度降低，表面張力變強會不易被破壞。而且熬煮的糖漿冷卻後也會出現適度的黏性。

　　打發至某個程度的蛋白中，加入熱糖漿後，打發至幾乎是理想的發泡狀態，就必須降低電動攪拌器的速度，以混拌的感覺打發至熱度稍降為止。

 參考……59頁

 如何使用義式蛋白霜裝飾蛋糕。

 裝飾後會以噴槍等烤出烘焙色澤是最大的特色。

　　義式蛋白霜具有滑順及形狀保持的特色，這些特色活用於塗抹或絞擠在蛋糕上做為裝飾。

　　義式蛋白霜的裝飾特徵，是在裝飾完成後烤出烘焙色澤。白色蛋白霜上映著咖啡色的烘焙色澤，非常漂亮。

　　烘焙色澤不止可以用噴槍，還可以放入高溫的烤箱中烘烤。在烤箱中烘烤，色澤均勻，與噴槍濃淡分明的色澤是完全不同的感覺。另外，篩上糖粉後放入烤箱烘烤，也可以烘烤出砂糖融化的結晶，做出漂亮的成品。

以噴槍烤出色澤

以烤箱烘烤而成

篩上糖粉以烤箱烘烤而成

奶油餡
Crème au beurre à la meringue italienne

　　奶油攪打成乳霜狀，加入義式蛋白霜、炸彈麵糊或是英式奶油醬汁中，就稱爲奶油餡 (Crème au beurre或奶油霜)。本書介紹的是添加義式蛋白霜，口感較輕盈的奶油餡，可以依各種使用上的不同而加以變化。

奶油餡　基本的製作方法

[參考配方範例]

奶油　450g
義式蛋白霜(→200頁)　300g

1 奶油放至常溫後，以攪拌器攪打成乳霜狀。
2 添加義式蛋白霜混拌。

＊奶油餡儘量在每次需要時製作，立刻使用。因爲放在冰箱保存時奶油會變硬。

奶油餡的種類　　　　表28

蛋白霜名稱	基底材料	特徵
義式蛋白霜奶油餡 (Crème au beurre à la meringue italienne)	使用義式蛋白霜製作	含有較多氣泡，具輕盈口感，容易增添香氣風味
炸彈麵糊奶油餡 (Crème au beurre à la pâte à bombe)	使用炸彈麵糊製作	濃重風味的成品。添加上巧克力、堅果類或咖啡等可以表現出濃郁的風味
英式醬汁奶油餡 (Crème au beurre à la crème anglaise)	用英式奶油醬汁製作	形狀保持度稍差，但因含有較多水份，所以滑順且口感好

STEP UP 何謂炸彈麵糊(Pâte à bombe)？

蛋黃中加入熬煮的糖漿打發，就稱為炸彈麵糊(Pâte à bombe)。打散的蛋黃中加入加熱至118～120℃的糖漿混拌，過濾後以電動攪拌器打發製作而成。因蛋黃在冰冷狀態下不容易打發，所以藉著加入熱糖漿將溫度升高，表面張力變弱時打發。

確實打發後，至溫度降低前都必須以低速持續攪拌，這樣熬煮過的糖漿冷卻後，才會成為具有適度黏性的發泡狀態。

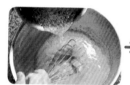 →

在蛋黃中加入熬煮至118～120℃的糖漿。

以電動攪拌器打發，當糖漿冷卻後就可以成為具有黏性的發泡狀態了。

奶油餡 Q&A

 Q 製作奶油餡，
什麼樣的奶油硬度最適宜呢？

 A 加入義式蛋白霜的奶油餡，
必須將奶油的硬度調整成輕輕用手指按壓就會凹陷的程度。

製作奶油餡，奶油的硬度是輕輕用手指按壓就會凹陷的程度，以溫度而言就是調整成20～25℃，並且使用時需配合基底材料來調整乳霜狀的硬度。

此外，奶油中加入冰冷的義式蛋白霜，奶油會因冷卻而凝固，所以義式蛋白霜與奶油混合，溫度調整成25℃左右比較好。

攪打成乳霜狀後混拌入義式
蛋白霜。

以手指按壓時會出現凹陷的硬度即可。

 Q 製作奶油餡,添加義式蛋白霜後,
應該怎麼混拌才好呢?

 A 不破壞氣泡地混拌,完成後是輕盈的口感,
若以攪拌器確實混拌,就會製成風味濃厚的奶油餡。

製作添加義式蛋白霜的奶油餡,因混拌方式不同,完成的風味也會隨之變化。

1　想要製作出入口即化的輕盈口感

不破壞義式蛋白霜氣泡地混拌,搖晃鋼盆時就會隨之晃動般柔軟的奶油,分數次加入
蛋白霜,混拌至以攪拌器舀起奶油,會有落下感覺的程度。某個程度混拌後,再改以橡
皮刮刀混拌至均勻。

輕盈口感的混拌方式

1　在柔軟的奶油中加入義
式蛋白霜。

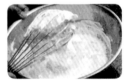

2　以攪拌器舀起放下地重
覆混拌。

2　想要製作出能感受奶油風味及濃醇的口感

在乳霜狀的奶油中加入蛋白霜,以攪拌器充分混拌至完全融合。這樣的混拌就可以製
作成氣泡量少、滑順且具光澤的奶油餡。

英式奶油醬汁
Crème anglaise

混拌砂糖及蛋黃，放入牛奶後加熱，利用蛋黃的熱凝固力來增加濃度，就是英式奶油醬汁(Crème anglaise)。將蛋糕盛盤時淋置於蛋糕盤上，或是作爲冰淋淇、巴巴露亞及慕斯的基底。

英式奶油醬汁　基本的製作方法

[參考配方範例]

蛋黃　120g(6個)
細砂糖　150g
牛奶　500g

1 在鋼盆中加入蛋黃及細砂糖，混拌攪打至顏色變白爲止。
2 牛奶加溫至即將沸騰的狀態，少量逐次地加入並混拌。
3 放入鍋中加熱，至80〜85℃左右。
4 儘快冷卻。

英式奶油醬汁　Q&A

 英式奶油醬汁，加熱不超過80〜85℃的原因為何？

 如果加熱超過這個溫度，蛋黃會凝固而產生分離現象。

英式奶油醬汁是利用蛋黃加熱的凝固力，使得全體成爲具有少許濃度可緩慢流動性的奶油餡。話雖如此，在牛奶中分散的蛋黃，加熱至完全凝固，只有蛋黃會凝固浮出產生分離現象，因此過程中因溫度上升而產生的黏性，就會使全部液體產生濃度。

這裡最重要的就是蛋黃凝固的溫度。蛋黃會從65℃開始凝固，到70℃時會完全凝固。但因添加砂糖或牛乳等液體，凝固溫度會上升，所以邊混拌邊加熱至80～85℃。

　　此外，製作分量較多或使用較厚的鍋具時，因考慮到餘溫會使溫度上升，因此在較預定溫度低1～2℃時，就可以熄火冷卻了。

 …229～231頁

英式奶油醬汁加熱溫度不同的比較

失敗例

標準例

加熱至85℃以上時產生分離狀態。

加熱至80～85℃左右時。

杏仁奶油餡
Crème d'amandes

　　混合相同比例的杏仁粉、砂糖、奶油和雞蛋這4種材料製作，稱為杏仁奶油餡(Crème d'amandes)。可以僅使用杏仁奶油餡，也能搭配卡士達奶油製成卡士達杏仁餡(Crème frangipane)，最常見是填入塔餅中烘烤。

杏仁奶油餡　基本的製作方法

[參考配方範例]

奶油　　150g
糖粉　　150g
雞蛋　　150g(3個)
杏仁粉　150g

1 將奶油放至室溫，以攪拌器混拌成乳霜狀，加入糖粉以研磨般的混拌方式混拌至顏色變白為止。

2 將回復至室溫的雞蛋打散，逐次少量地加入1中混拌，重覆這個步驟，避免分離現象地混拌。

3 加入杏仁粉後，繼續混拌。

4 放置於冰箱中冷卻。凝固冷卻後，以刮板或刮杓將其回復至滑順狀態。

杏仁奶油餡　Q&A

雖然依配方製作杏仁奶油餡，
但為什麼成品會過於柔軟？

可能是奶油和蛋產生分離造成。

　　奶油和麵粉以研磨般的混拌方式混拌完成，加入雞蛋時，要避免奶油的油脂和水份較多的雞蛋產生分離的方式混合，以進行乳化。關於乳化，應注意的要點，請參考前文。

在這個時候，為了使乳化步驟能順利進行，雞蛋必須分成幾次，少量逐次地加入並充分混拌，所以雞蛋的適溫非常重要。

此時，雞蛋全部一次加入過多、混拌不足或是雞蛋溫度過低，都會使雞蛋的水份與奶油的油脂無法均勻混拌，而產生分離的現象。如此狀態下即使加入杏仁粉，製作出的杏仁奶油餡也仍會變得過於柔軟。

如果能順利進行乳化，在奶油的油脂當中，雞蛋中的水份會以粒狀分散的形態進行乳化，才能製作出緊實且具適度硬度的成品。

參考…233～234頁

糕點材料
的為什麼？

只要製作過糕點的朋友，都曾經有過將蛋糕放入烤箱，內心躍躍欲試地猜測蛋糕是否能順利烘烤完成的心情。

蛋糕能夠膨脹鬆軟地烘烤完成最主要的原因就在於雞蛋的打發。

即使相同用量的雞蛋和砂糖，只要打發時的一點點訣竅差異，就可以製作出輕盈口感或是滑順緊實的打發狀態。可以依照想完成的糕點來選擇打發的方式。

因此，雞蛋是影響糕點風味非常關鍵的要素。

認識糕點製作的素材

雞蛋

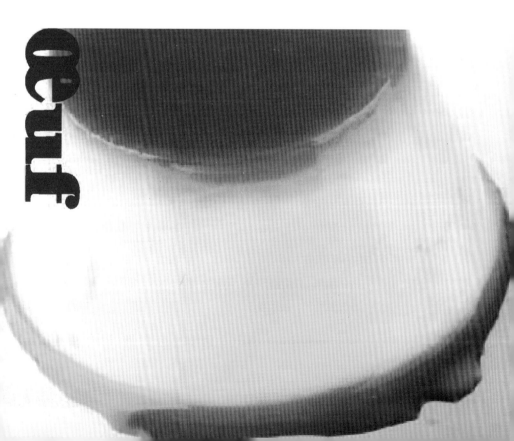

選擇雞蛋　Q&A

 雞蛋有各式各樣的大小尺寸，要選用什麼樣的大小比較好呢？

 糕點書上所寫，一般都以M尺寸大小的雞蛋為基準。

　糕點的配方中，材料欄內記述的雞蛋，一般而言可視為M尺寸的大小。即使1個的重量僅有少許差異，但使用數個雞蛋的用量時，差異也就會變大了。

　只是無論是多大的雞蛋，蛋黃的重量大約都是20g左右，特別是經常使用到的M～LL尺寸，也只有幾公克的差異。由此可知，雞蛋越大，所含蛋白的量越多。

　另外，據說剛開始下蛋的小母雞所產下的蛋也會比較小。

1個雞蛋的重量規格　　　　　　　表29

LL	70g以上～未滿76g
L	64g以上～未滿70g
M	58g以上～未滿64g
MS	52g以上～未滿58g
S	46g以上～未滿52g
SS	40g以上～未滿46g

STEP UP 液狀蛋

　依糕點的不同，有時只使用蛋黃或蛋白，而且是大量使用，大量製作糕點，為了減少浪費耗損，可以利用包裝好只有蛋黃或只有蛋白的液態蛋。

　另外，使用液態蛋也可省下敲破蛋殼的時間，以及避免沙門氏桿菌混入的機會。

Q 雞蛋有白殼和紅殼，成份不一樣嗎？

 A 蛋殼的顏色不一樣，但成份並沒有不同。
只因為雞的種類有異，所以蛋殼的顏色也會有所分別。

　　雞蛋除了一般常見到的白殼雞蛋之外，也有褐色的紅殼雞蛋。雖然紅殼雞蛋價格稍高一些，讓大家以為紅殼雞蛋的營養成份一定比較高，但實際上，雖然蛋殼的顏色不同，但卻無關乎蛋白及蛋黃的營養成份。

　　蛋殼的顏色，僅只是由於雞隻的種類不同，因此一開始就已經決定產下的蛋殼顏色了。

　　那麼，紅殼雞蛋為什麼殼會變成褐色的呢？雞的體內，在蛋殼形成或產蛋的時候，會分泌出黏液附著於表面，形成稱之為角質層的膜。這個時候稱為原紫質(protoporphyrin)的螢光色素會沈澱在角質層的膜上，因而使蛋殼的顏色變成褐色。產下紅殼雞蛋的雞，就是排出較多這種色素的關係。

 Q 請教大家如何判斷雞蛋新鮮度的方法。

 A 敲破蛋殼後，蛋黃及周圍的蛋白會有向上隆起般的感覺，
就是判斷的條件之一。

雞蛋新鮮度的判斷方法

表30

		新鮮	不新鮮
由上方看見的形狀			
由側面看見的形狀			
蛋黃	高度	高	低
	蛋黃膜的強度	強	弱且易破
蛋白	濃厚蛋白的量	多	少
	水樣蛋白的量	少	多

雞蛋新鮮度在敲開雞蛋後，看蛋白和蛋黃的形狀，非常容易判斷。

蛋白當中分為濃厚蛋白和水樣蛋白，濃厚蛋白是蛋黃周圍稠狀且具彈性的蛋白，水樣蛋白則是濃厚蛋白周圍液狀般流動性高的蛋白。

新鮮的雞蛋中，濃厚蛋白的彈性很強，所以看起來會有向上隆起的感覺，因為濃厚蛋白支撐在蛋黃周圍，再加上覆蓋在蛋黃上的薄膜強度較高，所以蛋黃也會有向上隆起的感覺。

從這兩點就可以由外觀大致判斷出新鮮程度。請參考前頁的表30。

 較新鮮的蛋白濃稠且具彈力，但鮮度差時就會為成流動性高的液狀，是為什麼呢？

 因為失去鮮度後，濃稠狀濃厚蛋白的連結會被切斷，而變成流動性高的水樣蛋白。

鮮度高的蛋白，約含有60～70%的濃厚蛋白，但經過幾天之後，濃厚蛋白會變成水樣蛋白，最後濃厚蛋白近乎完全消失，幾乎完全變成水樣蛋白。

濃厚蛋白的濃稠部份，具有彈力的原因在於纖維狀蛋白質的卵黏蛋白(Ovomucin)，連結著蛋白中的主要蛋白質成份卵白蛋白(Ovalbumin)，形成網狀結構，而水份被保持在這個網狀當中。當這個網狀結構被切斷，就無法將水份再保持於其中，因此全體會變成流動性高的水樣蛋白。

這也與蛋白的Ph值有關。蛋白，在剛產出時pH值是7.5左右，近乎中性的狀態；但經過數日後，會傾向成為鹼性，pH值會上升至9.5左右。因為這個原因，濃厚蛋白的蛋白質網狀結構之連結會切斷，而呈水樣化。

儲存時濃厚蛋白與水樣蛋白比例上的變化 圖表13

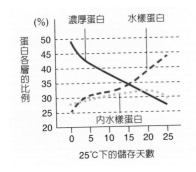

25℃下的儲存天數

＊隨著儲存時間的增加，濃厚蛋白的比例會減少，水樣蛋白(內水樣蛋白＋外水樣蛋白)的比例會增加。

A.L.Romanoff,A.J.Romanoff:1949

雞蛋的新鮮度與二氧化碳

　　剛產下的雞蛋蛋白是混濁的。這是因為剛產下的雞蛋蛋殼內含有較多的二氧化碳(carbon dioxide)，二氧化碳溶於蛋白之中所造成。二氧化碳在雞蛋被產下的幾天後，漸漸會由蛋殼上無數的細孔(氣孔)中排出，蛋白就會變為透明。

　　因二氧化碳具有溶於水中及酸性的特性，所以雞蛋剛產下，蛋白是pH7.5幾乎是中性狀態，但隨著二氧化碳從蛋白中變少，就會變化成pH9.5的鹼性了。

打發雞蛋(雞蛋的發泡性、蛋白質的空氣變性)　Q&A

 雞蛋為什麼可以打發呢？

 蛋白可以製造出像是肥皂泡般的氣泡，所以可以被打發。

　　蛋白同時具有容易打發的「起泡性」，以及可以保持氣泡形狀的「氣泡安定性」，是最大的特徵。

　　這與同樣被打發產生氣泡的肥皂泡不同之處，在於肥皂泡是因起泡性而形成大量的氣泡，但也會很快地崩壞。

　　像這樣同時具有起泡性和保持氣泡的兩大要素，就能得到糕點製作時必要的打發狀態。

1　打發------藉由滿含空氣而製作出氣泡的性質「起泡性」

　　攪打液體，是否會形成氣泡，與表面張力的強度有關。像水表面張力很強，不管如何攪打都不會產生氣泡。蛋白中，因含有減弱表面張力的蛋白質，所以可以被打發；藉由攪拌器的攪打，打亂蛋白液體表面，藉由表面張力打入空氣形成球狀的氣泡。

2　保持氣泡┄┄┄使構成的氣泡得以保持的性質「氣泡的安定性」

蛋白的氣泡不像肥皂泡般容易崩壞的原因，是因爲其中含有可以使氣泡外膜變硬的蛋白質。蛋白中攪打進空氣，空氣的周圍聚攏連結了許多蛋白質，形成薄膜包覆住空氣，以形成氣泡。蛋白質當中具有接觸空氣就會凝固(蛋白質的空氣變性)的特徵。藉由蛋白可以被延展成薄膜狀，再加上蛋白質接觸空氣後凝固，可以形成安定並且持續保持的氣泡狀態。

⋯⋯⋯⋯⋯⋯⋯⋯⋯⋯⋯⋯⋯⋯⋯⋯⋯⋯⋯⋯⋯⋯⋯⋯⋯⋯⋯⋯⋯⋯⋯⋯⋯⋯

STEP UP 表面張力

所謂的表面張力，是液體與氣體接觸的界面，也是液體在該表面積上盡可能縮小的作用力。

例如，想要由接著自來水管的水龍頭中流出少量自來水，從細線般的水流狀態，到更加栓緊水龍頭，並不是變成肉眼看不到的細細水流，而是到了某個階段後，就會變成圓形水滴。某個固定體積的物質，將其表面積縮小成最小形狀之球體，這種作用力就是表面張力。

在此，就水滴的例子試著加以思考。水是由許多的水份子構成，水滴內部的分子之間相互牽引而成安定狀態。水滴表面，雖然水份子之間也會相互牽引，但與空氣接觸的部份並沒有這樣的作用力，因此水滴表面積的水份子還保有應與其他分子間作用的能量，這些能量成爲將水滴表面的水份子向內部強力拉引的力量，而使得表面積能自然形成最小的狀態。

圖6

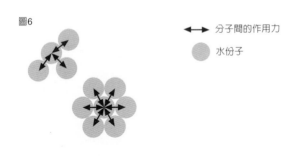

⟷ 分子間的作用力

⬤ 水份子

⋯⋯⋯⋯⋯⋯⋯⋯⋯⋯⋯⋯⋯⋯⋯⋯⋯⋯⋯⋯⋯⋯⋯⋯⋯⋯⋯⋯⋯⋯⋯⋯⋯⋯

為什麼蛋白很容易打發，但是蛋黃卻幾乎無法打發呢？

 因蛋黃中含有脂質，所以氣泡不容易打發。

1 蛋白、蛋黃及全蛋打發的比較

蛋白打發時因為攪打而飽含空氣，所以體積會變大，但是蛋黃的體積幾乎不會變大。全蛋打發時的體積會比蛋白小。

全蛋當中，主要的發泡是在蛋白，但分散在其中的蛋黃卻會阻礙發泡。

蛋白、蛋黃及全蛋打發時的容積比較

蛋白　　　　　　　　　蛋黃　　　　　　　　　全蛋

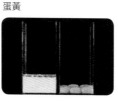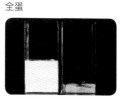

＊以打發前相同容積的蛋白、蛋黃及全蛋來比較，各加入適量的砂糖後打發。蛋白：蛋白120g、細砂糖90g。蛋黃：蛋黃160g、細砂糖120g。全蛋：全蛋180g、細砂糖90g。

＊右邊容器是打發前，左邊容器是添加細砂糖後打發的比較。

2 蛋黃阻礙蛋白打發的理由

為什麼全蛋會比蛋白不易打發呢。原因是全蛋當中也包含了蛋黃的緣故。

蛋黃的成份中有1/3是脂質，脂質會破壞雞蛋的氣泡。例如打發的蛋白(蛋白霜)中加入融化奶油，一下子就會破壞掉蛋白中的氣泡。不僅限於雞蛋，在肥皂泡或是肥皂水等具有發泡性質的液體中加入油脂，無法溶於水中的液體會在空氣鏡面(氣液界面)上擴大，成為消泡劑而產生作用。

這不單只是奶油等動物性油脂或沙拉油等植物性油脂而已，即使是蛋黃中少量的脂質也具有同樣的作用。

話雖如此，但蛋黃脂質是被乳化劑(作用水和油之間的物質)所包圍住的粒狀形態，所以還不算是直接破壞雞蛋的油脂。因此，全蛋的打發容積雖然小於蛋白，但即使其中含有蛋黃仍是可以打發的。

油脂對蛋白氣泡的影響

打發蛋白靜置的狀態

在打發蛋白中加入融化奶油
混拌後靜置的狀態

雞蛋的成份   表31

	水份	蛋白質	碳水化合物	脂質
蛋白	88.40%	10.50%	0.40%	微量
蛋黃	48.20%	16.50%	0.10%	33.50%

『五訂日本食品標準成份表』

3　蛋黃不容易打發的理由

　　蛋黃對於蛋白而言，雖然具有消泡劑的作用，但只打發蛋黃，也並不是完全不能打發的狀態。藉由充分混拌可以將空氣拌入其中分散在蛋黃內，完成的氣泡明顯地比具有氣泡持續性的蛋白低，無法形成肉眼可以看到的大氣泡。

蛋白與蛋黃打發後的顯微鏡照片

蛋白

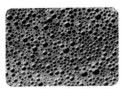

可以看得出來含有大量空氣
的氣泡形成。

蛋黃

即使看起來幾乎看不到打發
的感覺，但可以看得出來還
是有一些空氣含在其中。

＊蛋白：細砂糖＝1：1的配方，調
整至20℃，以電動攪拌器的高速進
行攪打完成。蛋黃：細砂糖＝1：1
的配方，調整至30℃，以電動攪拌
器的高速進行攪打完成。這些照片
以200倍率拍攝。

照片提供：キユーピー(株)研究所

Q 請教大家選擇打發雞蛋器具的訣竅。

A 鋼盆尺寸及材質、攪拌器的種類，
鋼盆大小及攪拌器長度的均衡搭配非常重要。

　　即使很簡單地打發雞蛋，但以手使用網狀攪拌器或是以電動攪拌器來打發，少量或是大量…，都必須因應實際狀況的不同來進行打發作業。

因此，選擇適當的攪拌器和鋼盆非常重要。

1　器具大小的均衡

(1)手動攪打時

① 鋼盆與攪拌器的均衡

　　打發雞蛋，攪拌器劃過空中攪入蛋液，或是由鋼盆內劃出至空氣中的攪動方式來混拌，這樣的攪動可以更有效率地將空氣攪打至蛋液裡，攪拌器攪入蛋液，儘量增大浸泡在蛋液中的比例，是一大重點。

　　相對於鋼盆的大小，攪拌器過大或過小，會減少浸泡到蛋液的比例，也會使攪拌動作更不容易進行，無法有效率將空氣攪打進來。鋼盆的口徑：攪拌器全長＝1：1～1：1.5，是最適合的比例。

鋼盆與攪拌器均衡，相對於
鋼盆口徑為1，攪拌器的全
長是1～1.5最為適切。

② 雞蛋用量與鋼盆大小的均衡搭配

　　以手攪打，必須考慮到雞蛋完全打發，應該會達到鋼盆容量的2/3左右，以此考量來挑選鋼盆。

　　鋼盆過大，蛋液浸泡到攪拌器的比例會減少，無法有效率地打發。舉例來說，3個雞蛋，利用口徑24cm的鋼盆；3個蛋白，就適合用口徑21cm大小的鋼盆。

(2)手持電動攪拌器時

　　手持電動攪拌器打發雞蛋，同樣地鋼盆太大，只有攪拌器的尖端可以浸泡到蛋液，同樣無法得到充分的打發氣泡。

　　3顆蛋白的用量，可以使用比用手攪打時稍小口徑18cm左右的鋼盆。使用以手攪打時的鋼盆大小，會使攪拌器無法攪動，因為手持電動攪拌器的配件較普通的網狀攪拌器稍小，所以適用小一點的鋼盆。

2 攪拌器的種類

攪拌器當中，鋼線較多的是雞蛋用的攪拌器，而鋼線較少的是鮮奶油用的攪拌器。打發雞蛋，使用鋼線較多的攪拌器，可以攪打出較爲細緻的氣泡。這是因爲攪打雞蛋時，攪拌器的鋼線會撞擊出大氣泡，並分化成小氣泡，所以鋼線數量越多，越能攪打出綿密細緻的氣泡。

只是鋼線越多，混拌時受到的抵抗越大，也必須用更力來攪打。

上方是奶油用（8條鋼線）、
下方是雞蛋用（12條鋼線）

3 鋼盆的材質

一般雞蛋的打發會使用不鏽鋼製的鋼盆，但用手攪打蛋白霜，爲了能更細緻的發泡，所以更適合使用銅製鋼盆。

以銅製鋼盆打發，可以攪打出滑順細緻的氣泡，同時也是緊實不易破壞的氣泡，而且因爲含有較多空氣，比重也較輕。

這是因爲蛋白中所含蛋白質之一的卵運鐵蛋白(Ovotransferrin)(伴清蛋白(conalbumin))的關係。卵運鐵蛋白容易產生空氣變性，使得蛋白容易被打發，但相反地，因產生過盛的空氣變性，也會使得氣泡的安定性變差。

這種卵運鐵蛋白，與銅或鐵等金屬具有強烈結合之特性，結合後就能增強空氣變性的抵抗性了。

以銅製鋼盆打發蛋白，卵運鐵蛋白與銅結合後，可以抑制過盛的空氣變性，所以能打出非常細緻且堅硬緊實的氣泡。

鋼盆材質不同時蛋白霜的比較

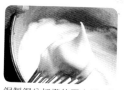

銅製鋼盆打發的蛋白霜。細緻滑順，比重0.17。

不鏽鋼製鋼盆打發的蛋白霜。比重0.19。

 打發雞蛋，為什麼一定要添加砂糖呢？

 為了可以攪打出更細緻且不易崩壞的氣泡。

打發雞蛋，一定要添加砂糖，是為了要攪打出細緻且具安定性的發泡狀態。也就是為了製作出每顆氣泡都是細小且緊實不易被破壞的狀態。

1　為製作出小且不易崩壞的氣泡

以海綿蛋糕為例，打發的雞蛋如果是氣泡小且細緻的狀態，烘烤出來的蛋糕就會是細緻口感綿密的蛋糕。另外，在打發的雞蛋中加入麵粉或奶油混拌，即使只是適度的混拌也多少會損及氣泡，但如果氣泡是不易崩壞，全體呈現滑順易於融入的狀態，就可以保持麵糊的體積，完成膨脹狀態良好的蛋糕。

2　可以形成小且不易崩壞氣泡的原因

氣泡的打發，是將空氣攪打至其中，利用製作氣泡的性質(起泡性)和可以保持打發氣泡的性質(氣泡安定性)這兩種性質取得平衡，製作出具有膨脹感的發泡。在雞蛋中添加砂糖打發，就會影響到起泡性及氣泡的安定性。

(1)　砂糖對氣泡安定性的影響

砂糖溶入雞蛋氣泡的薄膜當中，因為砂糖吸附了雞蛋中的水份，所以氣泡不容易崩壞而成為安定的狀態。

(2)　砂糖對起泡性的影響

打發雞蛋，會因蛋白當中蛋白質的空氣變性，而使得氣泡的薄膜變硬，成為安定的氣泡。但是砂糖有抑制蛋白質中空氣變性的作用，所以添加砂糖會使氣泡不易形成。

　　乍看之下，可能會認為是缺點，但添加了砂糖，可以在某個程度下一邊抑制空氣進入雞蛋中，一邊攪打起泡，就能得到細小的氣泡。以結果而言，如此就能烘烤出細緻且口感良好的蛋糕。

　　也就是說，即使利用砂糖來抑制發泡狀態，但只要能確實攪打至發泡，反而可以是一項很大的優點。

有無添加砂糖對蛋白發泡狀態的影響　　　　　　　表32

只利用蛋白打發的狀態	蛋白中將砂糖份3次加入打發的狀態

紋理粗糙、氣泡鬆散	細緻滑順、緊實的發泡狀態

氣泡大且容易崩壞	氣泡小且不易崩壞

＊上方的照片都是以手攪打發泡。
＊下方的顯微鏡照片，左邊是僅以蛋白攪打的狀態，右邊是以蛋白：細砂糖＝1：1的比例，皆調整至20℃，以電動攪拌器高速攪打後，放大200倍的攝影。

顯微鏡照片提供：キユーピー(株)研究所

　打發雞蛋，改變砂糖的用量，
　　　　發泡質感也會有所不同嗎？

　砂糖用量較少，會呈現輕盈鬆軟的發泡，
　　　　砂糖用量較多時會形成黏性較多的厚重感。

　　砂糖用量極少，雖然起泡性較好，但氣泡的安定性會變差，氣泡容易崩壞，變成輕且鬆散的氣泡。

　　相反地，砂糖用量極大，發泡性變差，會形成氣泡含量少且具黏性的打發狀態。

　　也就是說，想要得到具膨脹感且不易崩壞的氣泡，起泡性及氣泡安定性間的平衡狀態是非常重要的關鍵。砂糖用量極多或極少，都會破壞兩者間的平衡，所以無法製作出膨脹安定的氣泡。

以全蛋打法發海綿蛋糕為例。第80頁中也提到，砂糖的配方用量是全蛋的40～100%，在這個範圍內，砂糖用量越少，氣泡略大紋理較粗，會形成輕盈打發狀態。另一方面，砂糖用量越多，越會抑制氣泡的膨脹，所以形成的氣泡小且細緻，近乎滑順緊實的綿密氣泡。

但是，配方不能只重視雞蛋的發泡狀態。配方中的材料、麵糊的混拌、烘烤…等，全部狀態下各自發揮其作用，材料之間的平衡度也必須一併考慮。

此外，不能忘記的是麵糊是由所有的材料混拌而成。在打發的雞蛋中，必須要能迅速地混拌入其他的材料，以及即使混拌也不容易被破壞的氣泡，也是重點。單純只重視打發的膨脹體積，一旦混入其他材料時氣泡就被破壞，或是只重視滑順感，雖然很容易混拌，但卻會變成氣泡量非常少的麵糊。

並且，雞蛋氣泡量過多，支撐蛋糕的力量不足會造成蛋糕的塌陷，相反地如果雞蛋的氣泡量太少，也會無法製作出膨脹鬆軟的蛋糕。

砂糖量對全蛋發泡的影響

表33

全蛋與砂糖的配方比例	標準 60～70%(照片中為60%)	用量少 未滿60%(照片中為30%)	用量多 100%以上(照片中為150%)
發泡狀態			
打發的難易度	標準	砂糖越少氣泡越容易打發	砂糖越多越會抑制發泡。砂糖超過100%，會更難打發
打發時需要的力道	標準	較少力氣即可打發	需要用力打發
氣泡的安定性	氣泡不易崩壞，安定。	砂糖越少，氣泡膜越弱，容易崩壞不安定。	砂糖越多，氣泡膜越強，不易崩壞狀態安定。
打發完成的膨脹體積	膨脹體積大(高容積)	砂糖極少，因為氣泡容易崩壞，所以膨脹體積小	砂糖越多，因不容易打發，所以膨脹體積也越小
氣泡大小	標準	砂糖越少，一個個的氣泡就越大	砂糖越多，一個個的氣泡越小。
質感	含有適度的空氣，具光澤且緊實的氣泡	砂糖越少，光澤也越少，成為柔軟的輕盈氣泡	砂糖越多，越有光澤，成為黏性較強、緊實的沈重氣泡

打發蛋白時，雞蛋的新鮮度也會影響打發狀態嗎？

 使用新鮮雞蛋，發泡狀態較為緊實。

蛋白中分成黏性較強的濃厚蛋白和流動性高的液態水樣蛋白，雞蛋新鮮度越好，濃厚蛋白越多，是其中最大的特徵。使用新鮮的雞蛋打發，因黏性變強，所以氣泡的安定度也較高，形成較硬的氣泡膜而不容易崩壞。

但卻因為會抑制氣泡的形成，所以必須要用力地攪打才能產生氣泡。

…217～218頁

 已經打發的蛋白，為什麼還會有水份滲出呢？

 是因為過度打發造成。

蛋白打發結構，是將空氣攪打入蛋白中，蛋白質凝聚在空氣的周圍連結，形成薄膜的結構，這種蛋白質會因接觸到空氣而凝固，形成氣泡，這些都已經在前面詳加敘述了。

這樣打發蛋白的主要成份，雖然是蛋白質，蛋白質佔蛋白全體不超過10％，約有88％是水份，蛋白質是分散在水中的狀態。因此蛋白中的蛋白質連結，相鄰的蛋白質之間會排除水份而相互連結，因此蛋白的薄膜也會因而變硬(蛋白質的空氣變性)。

超越最佳狀態過度打發時，會由蛋白中滲出水份(離水)，變成粗糙的狀態，這是因為蛋白質的空氣變性過度作用後，會排出多餘的水份所造成。

砂糖具有抑制蛋白質中空氣變性的作用，所以相對於蛋白用量，砂糖配方用量越少就越容易產生離水狀態。

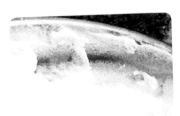

過度打發產生離水狀態的蛋白。

打發過程中，稍稍中斷，就無法再打發。
為什麼呢？

 因為蛋白質產生變性。

雞蛋在打發過程中，只要攪打步驟一旦中斷，即使再次進行攪打也無法再打發。因此，以手打發，不管手怎麼痠，都非得一口氣地完成攪打不可。

打發雞蛋中因攪入空氣，所以空氣周圍蛋白中的蛋白質會聚集並連結，形成雞蛋薄膜地包圍住空氣，蛋白質在接觸到空氣時凝固(蛋白質的空氣變性)，而形成了氣泡。

但打發過程中，停止中斷步驟，所有形成的氣泡，都會隨著時間而液化，再度變成蛋液。即使想要重新進行打發步驟，但產生了空氣變性的蛋白質都已混雜於其中。

蛋白質一旦產生變性，就失去了再度形成氣泡的作用了。

雞蛋遇熱凝固(雞蛋的熱凝固性、蛋白質的熱變性) Q&A

 果凍、巴巴露亞是冷卻凝固，
為什麼布丁可以由蒸烤而凝固呢？

 布丁是利用雞蛋遇熱凝固的作用來製作。

果凍及巴巴露亞等，是加入了明膠後冷卻凝固製成。布丁雖然同樣是冷卻凝固的點心，但卻是雞蛋、砂糖和牛奶混合後蒸烤，利用的是雞蛋遇熱凝固的性質(熱凝固性)來製作。

作為布丁材料的雞蛋，蛋黃和蛋白會在不同溫度下凝固，是最大的特徵。

蛋黃在65℃左右開始凝固而且會立刻變硬。70℃時失去流動性凝固，至80℃時就會凝固成粉質狀。

另一方面，蛋白大約在58℃左右開始凝固，凝固的速度較蛋黃緩慢。最初是鬆緩的果凍狀，至65℃左右開始凝固成柔軟狀態，透明的顏色會變化成濁白色，變成雪白且完全凝固變硬大約是80℃左右。

這樣蛋黃及蛋白的凝固，其實是由雞蛋中所含蛋白質的凝固而來。蛋白質是在水中以分散狀態存在。一旦被加熱，蛋白質構造會產生變化，一直都是易溶於水的狀態，突然曝露在不易溶於水的疏水性(hydrophobicity)領域中。疏水性領域因無法與水接觸，因此蛋白質相互聚攏，在疏水性領域中相互結合。因此，蛋白質相互結合會排出存在於之間的水份，因而變成堅硬的凝固狀態(蛋白質的熱變性)。

即使同為雞蛋的一部份，蛋白和蛋黃的凝固方法卻不相同。相較於蛋黃，蛋白是像果凍般的含水狀態，所以會呈凝膠狀的凝固。

蛋白中，蛋白質的聚集方式較為緩和，形成網狀結構，這個網狀結構形成，結構中的水份也一起封鎖在其中，所以蛋白整體可以保持水份，形成凝膠狀的柔軟固體。

布丁的製作方法，有以全蛋製作或以蛋黃製作，或是全蛋中加入蛋黃的製作配方，會依蛋白與蛋黃的比例，在風味上及凝固方法上產生變化。

雞蛋的凝固溫度 圖表14

| 蛋黃 | | | ● 開始凝固 | | ● 變硬的固體 | | |

| 55(℃) | 60 | | 65 | 70 | 75 | | 80 |

| 蛋白 | ● 開始凝固 黏稠狀 | | 開始產生柔軟的凝固 | | | | ● 變硬的固體 |

Q 只要增加砂糖用量，布丁就會變得更柔軟，為什麼呢？

A 因為在雞蛋中添加砂糖，會不容易凝固的關係。

布丁、法式布丁、英式奶油醬汁…等，很多都是利用雞蛋遇熱凝固(熱凝固性)的特性製作的糕點，大多是添加砂糖、牛奶或鮮奶油製成。增加越多的砂糖用量，為什麼會變成柔軟的凝固狀態，而且凝固的溫度也會越高呢？

雞蛋的凝固，是雞蛋中分散於水中的蛋白質受熱而聚攏，排出了蛋白質之間的水份相互連結(蛋白質的熱變性)而形成。特別是蛋白，因蛋白質網狀結構的連結，而保持住網狀結構間的水份，形成凝膠狀的凝固。

在雞蛋中添加砂糖加熱，因砂糖具有保水性，所以蛋白質之間的水份也會變得不容易排出，而難以凝固(表34配方A的比較)。

　　同樣的，以牛奶或鮮奶油稀釋雞蛋，也會變得難於凝固。這個時候是因為蛋白質之間的水份變多，難以連結，保持在網狀結構間的水份量增加，所以會比只有雞蛋時更難以凝固。

　　像這樣，因雞蛋內添加的砂糖、牛奶或鮮奶油，變得難以凝固，也使得最後凝固的溫度變高，完成的糕點更柔軟。

砂糖和牛奶對布丁硬度所造成的影響　　表34

 參考…209～210頁

配方A		硬度
雞蛋1：牛奶2	砂糖	
100	0	27.5
90	10	23.0
80	20	14.9
70	30	8.1
60	40	5.2
配方B		硬度
雞蛋1：水2	砂糖	
90	10	4.5

＊硬度是由卡式張力量測器(Card Tension Meter)，使用的是重錘50g、感壓軸直徑8mm所測得，標示的是凝膠狀表面可被切斷時的重量。

『調理與理論』山崎清子、島田キミエ共同著作

STEP UP　添加牛奶後雞蛋的凝固

　　雞蛋中添加液體後加熱製作的凝固糕點，添加牛奶會比添加水更容易凝固(表34配方B的比較)。

　　這是因為牛奶中含有礦物質(無機鹽類)，可以強化雞蛋遇熱時的凝固力(熱凝固性)。

 Q 製作布丁，為什麼會產生「蜂窩狀孔洞」呢？

 A 因為加熱溫度過高。並且使用越新鮮的雞蛋，就越容易產生「蜂窩狀孔洞」。

　　布丁是利用雞蛋遇熱凝固的特性(熱凝固性)製成的糕點，最具魅力的就是入口滑順的口感。但是加熱失敗，布丁上就會形成細小的「蜂窩狀孔洞」，變得粗糙，入口的口感也會變差。

那麼要如何才能完成滑順口感的成品呢？這個重點就在於溫度的調節。

在此試著舉例出使用布丁模型(100ml布丁杯)，溫度調節的範例。在烤盤上舖放布巾，再放上布丁模型，周圍注入約60℃的熱水至模型杯高度的1/3處，以160℃的烤箱蒸烤。

烤箱的溫度設定成160℃，熱水蒸發時會變成水蒸氣，因此模型周圍的溫度也會隨之升高。另外，熱水浸泡到模型的部份，也會上升到100℃，所以整體呈現和緩加熱的狀態。

爲了製作出滑順口感的布丁，布丁液體的溫度變化也非常重要。由40℃左右開始烘烤，調整使每一分鐘大約升高1～2℃，大約在25分鐘左右，達到85℃。

在此會形成「蜂窩狀孔洞」的原理，有各式各樣的解釋，但其中較有可能的應該是二氧化碳所形成的孔洞。

布丁算是新鮮不易久放的糕點，考量衛生方面，也會儘量使用較新鮮的雞蛋。只是雞蛋越新鮮，當中就含有越多的二氧化碳，布丁液體充分加熱的過程中，二氧化碳會由布丁液體內排出，布丁整體才會變硬。但是以高溫加熱時，二氧化碳還沒排出，布丁液體就先凝固了，因此形成「蜂窩狀孔洞」。

另外，金屬製的布丁模型會比陶製的模型更容易產生「蜂窩狀孔洞」，因爲金屬的傳熱比陶器更好，溫度也更容易上升的原故。

參考……219頁

失敗例

形成「蜂窩狀孔洞」的布丁

——孔洞

雞
蛋

 Q 製作奶油麵糊或餅乾,在油脂性的奶油中,
即使加入含較多水份的雞蛋,也不會產生分離現象,為什麼呢?

 A 蛋黃中所含有的乳化劑,可以介入油水之間,
使雞蛋水份能均勻分散在奶油的油脂當中均勻混合。

製作糕點,在奶油等油脂當中,要均勻地混拌水份較多的雞蛋,一定會出現「乳化」的步驟。

像在乳霜狀的奶油中混拌全蛋或蛋黃(例如:奶油蛋糕、塔餅、餅乾、杏仁奶油餡等);或是在蛋黃中混拌植物油(例如:戚風蛋糕)...等步驟。

這些都是油和水混合般地過程,即使產生分離現象也不奇怪。但是這些都能均勻混合的原因,其實就是蛋黃當中含有卵磷脂或LDL蛋白質(低密度脂蛋白)等乳化劑,具有乳化油脂和水份的能力,充分地利用蛋黃中的乳化性而使這兩者能充分混合。

1 關於「乳化」

在糕點製作中「乳化」,有兩種模式,就是利用可以乳化的食品,或是藉由製作者的手混合2種以上的食材而完成乳化結構。因此乳化可以如表35般,分成2種類型。

乳化的種類

表35

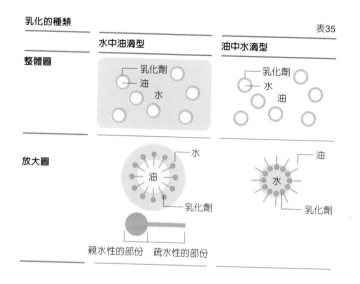

	水中油滴型	油中水滴型
狀態	在「水」中，被乳化劑包圍的「油」呈粒狀分散，形成安定的形態。	在「油」中，被乳化劑包圍的「水」呈粒狀分散，形成安定的形態。
食品	牛奶、鮮奶油...等	奶油...等
糕點製作上的利用	戚風蛋糕...等	奶油蛋糕、塔餅、餅乾、杏仁奶油餡...等
	以水份材料為基底加入油脂材料	以油脂材料為基底加入水份材料

2 油脂和水份得以混合的原因

油與水乳化混合，是乳化劑的作用。乳化劑具有與水溶合(親水基)和與油溶合(疏水基)的部份，介於本來難以混拌的水與油之間，使兩者得以混合的作用。

例如，油中水滴型，乳化劑是包圍在水粒子的周圍，使水不會直接接觸到油脂，並使水份得以分散在油脂當中。

3 混拌方式是「乳化」的關鍵

(1)少量逐次的混拌

在糕點製作上，乳化步驟中最重要的部份，就是混拌的方法。例如在奶油中混拌雞蛋，如果將全部用量一次倒入鋼盆中混拌，就會導致分離。

為了使乳化性能充分發揮，在基底材料的奶油中，少量逐次地邊加入想要均勻分散的雞蛋，邊進行混拌，這個步驟非常重要。

這個時候，相對於奶油的用量，雞蛋配方量越多，少量逐次加入的次數也必須變多，這是必須牢記的訣竅。

(2)充分混拌

進行奶油中加入雞蛋的油中水滴型乳化步驟，做為基底的奶油裡，雞蛋的水份粒子越細越分散，就越不會形成分離，越是呈安定的狀態。

邊在奶油中少量逐次加入，邊充分混拌，可以使雞蛋的水份更細更加均勻分散。

 參考 …108～110頁 / 121～122頁 / 157～159頁 / 211～212頁

認識糕點製作的素材

麵粉

　　糕點的主要食材中，只有麵粉無法直接食用。但與雞蛋等可以提供水份的材料一起混拌、烘烤之後，就可以呈現出鬆脆、香酥、柔軟等各種不同特徵的主體。

　　麵粉當中含有蛋白質和澱粉，有效地利用或抑制這2種性質，就可以做出糕點的基底。有利用蛋白質產生的麩素彈力來製作的糕點，也有利用澱粉糊化產生的黏性，烘烤出膨鬆柔軟口感的糕點。這個章節中，就讓我們來學習這些性質和活用於糕點上的方法。

為什麼麵粉必須過篩後再使用呢？

 為使麵粉可以更容易混拌。

　　麵粉過篩，是糕點製作上必要且是基本步驟之一。過篩備用，可以讓麵粉粒子分離，也能更容易分散在材料當中。

　　麵粉，一般都是放在袋子或密封容器中，保存在完全擠壓的狀態下。使用時先過篩，可以讓粒子之間充滿空氣，增加麵粉全體的膨鬆，也可以減少麵粉硬塊的產生。

 低筋麵粉與高筋麵粉有何不同？

 低筋麵粉與高筋麵粉是以蛋白質含量來區分。

　　在日本，麵粉的種類是以其中的蛋白質含量來分類，一般而言，依蛋白質含量較少開始，將其區分為低筋麵粉、中筋麵粉、準高筋麵粉和高筋麵粉。

　　並且依小麥外皮混入的比例，區分其中的等級。越接近1等粉，就是越靠近小麥中心部份，灰分較少；依灰分含量大致區分為1等粉0.3～0.4%、2等粉0.5%左右、3等粉1.0%左右。

　　麩素是由蛋白質形成，因此可依照想製作的糕點，所需的麩素程度，來選擇麵粉的種類。海綿蛋糕就適合使用製作糕點用的低筋麵粉。

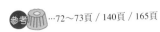
參考…72～73頁 / 140頁 / 165頁

表36

不同麵粉種類的蛋白質含量比較

種類	低筋麵粉	中筋麵粉	準高筋麵粉	高筋麵粉
蛋白質含量	糕點(6.5～8.0%)	煮麵、乾麵 (8.0～9.0%) 糕點(7.5～8.5%)	麵包(11.0～12.0%) 中華麵 (10.5～11.5%)	麵包(11.5～12.5%)

Q 為什麼手粉必須使用高筋麵粉呢？

A 因為高筋麵粉的粒子較粗，也較容易分散。

　　在擀壓塔麵團、派麵團和餅乾麵團，為避免麵團沾黏在工作檯上，會事先撒上手粉。這個時候做為手粉使用的就是高筋麵粉。為什麼會是高筋麵粉呢？因為高筋麵粉不會結塊也比較容易分散。

　　試著將各種麵粉用力握緊再放開，就可以發現低筋麵粉的粒子之間會相互沾黏，也容易產生硬塊。但高筋麵粉卻不會。

　　高筋麵粉較容易分散的原因，是在於一顆顆的粒子較粗，所以粒子間不容易沾黏。

　　順道一提的是，高筋麵粉之所以粒子較粗，是因為作為其原料的小麥，是硬質小麥，將較硬的麵粉，經由加壓形成粉末，只能形成粗粒狀而已無法更細。另一方面，低筋麵粉的原料是軟質小麥，柔軟且易碎，粒子也較細。

撒在工作檯上的高筋麵粉(左)和低筋麵粉(右)的比較

漂亮均勻地分散。

結塊而無法分散開來。

以手用力緊握高筋麵粉(左)和低筋麵粉(右)的比較

緊握後也不會固結成塊。

粒子之間沾黏成塊，也是容易結塊的證據。

何謂麩素？

 由麵粉蛋白質中形成具有黏性及彈力的物質。

　　製作麵包，在麵粉中加水充分揉搓後，就會形成具黏性和彈力的麵團，這個形成黏性和彈力的物質，就是麩素。

　　麵粉含有2種特有的蛋白質(醇溶蛋白和麥粒蛋白)，在麵粉中加水充分揉搓後，這些蛋白質會結合而產生具黏性和彈力的麩素。

　　像製作麵包般，充分揉搓高筋麵粉和水，之後再放入水中沖洗，澱粉會隨水流出，最後會剩下具有彈力的物質，這就是麩素。

　　麩素在麵團中以網狀結構存在，也可說是麵團的骨架。試著將洗出來的麩素拉開看看，就會延展成薄膜狀。

　　麵包麵團烘烤前的黏性和彈力，就是延展在麵團中的麩素所形成。這樣的麵團在烘烤後，會因加熱而凝固(蛋白質的熱變性)，使麵包在咬下時產生具有彈性的口感。

　　麩素的性質，應用在糕點製作上，如同派麵團的外層麵團般具有延展的彈力，可以不破損斷裂地薄薄延展開來。另外，海綿蛋糕麵糊，蛋糕體是糊化澱粉而形成，所以具有適度的連結而不會崩塌，也可以適度地支撐蛋糕體，食用時更有恰到好處的柔軟彈性。塔麵團則是利用麵團的連結製作而成。

　　製作糕點，經常有將麵粉混拌至打發的雞蛋(含大量水份)中，或是在麵粉裡加入水或雞蛋混拌的製作方法，因此可以說麩素的形成，對糕點的結構有相當大的影響。

　　依糕點不同，所需的麩素量、黏性及彈力也各有程度上之差異。綜合考量以下會影響麩素形成的因素，有助於糕點的製作。

① 麵粉的種類。

② 添加的水量(雞蛋等也含有水份)。

③ 揉搓(混拌)的程度。

④ 混入雞蛋、砂糖、油脂等副材料的時間點。

⑤ 有無加入鹽等添加材料，以及添加的時間點。

參考 …62～63頁 / 75頁 / 119頁 / 141頁

取出麩素

1　在高筋麵粉中加入水揉搓後，放入水中沖洗至取得麩素。

2　左邊是沖洗前的麵團。右邊是取得的麩素。

3　拉開麩素，就會看到形成的網狀薄膜。

麩素的網狀結構

── 麩素

── 澱粉粒

＊用掃瞄型電子顯微鏡以730倍率拍攝手打烏龍麵的縱向剖面。

長尾：1989

Q 為什麼海綿蛋糕使用低筋麵粉，而麵包及發酵糕點使用高筋麵粉呢？

A 因考慮到麵團膨脹方法、口感以及麩素的需要量，再依此選擇麵粉的種類。

即使同樣是麵粉，會因為使用的是低筋麵粉或高筋麵粉，而使糕點產生不同膨脹及硬度。在此針對這個理論稍加說明。如果想要製作出的是介於高筋麵粉和低筋麵粉間的口感，可以依個人喜好的配方混合使用。

1　海綿蛋糕麵糊適用低筋麵粉的理由

海綿蛋糕麵糊中，麩素形成骨架與成為蛋糕主體的糊化澱粉，可以讓蛋糕不會崩塌還能適度連結、支撐膨脹，製作出食用時的柔軟彈性。

這個時候，使用高筋麵粉，會形成大量具強大黏性及彈力的網狀麩素，在烘烤後就會變得太硬。另外，當麵糊產生膨脹的力量，會因過強的麩素而被抑制住，使得麵糊無法順利膨脹起來，烘烤後成為體積很小(容積高度很低)的蛋糕。

使用低筋麵粉製作，麩素是最小限度的形成，自身的黏性和彈力也較弱，因此不會妨礙麵糊的膨脹，也可以支撐膨脹起來的狀態。

2　麵包及發酵糕點適用高筋麵粉的理由

麵包及發酵糕點與海綿蛋糕不同之處，是在於膨脹方法。首先，發酵是藉由酵母菌(麵包酵母)所產生的二氧化碳使麵團膨脹起來，接著在烤箱烘烤，使得封鎖在麵團內的空氣(包含二氧化碳)產生熱膨脹，麵團中所含的水份變成水蒸氣增加了體積，使麵團更加膨脹。

在烤箱烘烤時的膨脹構造變化，雖然與海綿蛋糕相同，但前段的發酵最具特徵，這個階段中特別需要具有強烈黏性及彈力的麩素。

首先充分揉搓使用了高筋麵粉的麵團，使麵團全體形成麩素的網狀結構。舉例來說，就像是麵團當中塞滿了被麩素膜包圍著的小房間，酵母菌發酵後產生二氧化碳，麩素的膜如果具有強烈的黏性及彈力，就可以承接擋住二氧化碳，像是氣球般地使小房間膨脹起來。

高筋麵粉不只是含有較多形成麩素的蛋白質含量，同時還有著易於形成麩素的蛋白質特性。因此相較於低筋麵粉，高筋麵粉的特徵是可以形成更多的麩素，並且形成的麩素也具有更強的黏性和彈力。

如果以低筋麵粉來製作麵團，低筋麵粉形成的麩素量不僅較少，同時也因黏性和彈力較弱，所以產生的二氧化碳會向外逸出，使得麵團無法膨脹。因此麵包及發酵糕點還是適用於使用高筋麵粉。

參考 …236頁

低筋麵粉與高筋麵粉的成份比較　　　　　　　　　　　　　　　　　表37

	低筋麵粉	高筋麵粉
蛋白質量	6.5～8.0%	11.5～12.5%
麩素量	少	多
麩素質	黏性及彈力較弱	黏性及彈力較強

STEP UP 麩素與水量的關係

派麵團的外層麵團，混合了低筋麵粉和高筋麵粉製成，但當這個配方比例改變，水份用量也必須加以變化。增加高筋麵粉，但水量卻沒有改變，會感覺到麵團過硬難以揉搓。高筋麵粉增加，形成的麩素也會變多，相對地也需要更多的水份，所以也必須增加水份用量。

　　混拌麵粉,適度地加入形成麩素時所需的水份,充分揉搓,雖然會形成相當多的麩素,但若是水份的配方用量不足或太多,都會無法順利揉搓而影響麩素形成的量。

參考…140頁

 請告訴大家會使麩素變強或變弱的材料。

 鹽、油脂及醋...等會影響麩素的形成。

　　鹽會使麩素更容易形成,也能更強化麩素的性質。另一方面,油脂及醋...等,會使得麩素不易形成,也會使麩素變弱。會影響麩素強弱的材料整理在以下表格中。以麵粉製作麵團,如果能瞭解什麼樣的材料會有什麼樣的影響、什麼時間添加所產生不同程度的變化...等,就能更有效地運用在糕點製作上。

調味料、添加材料對麩素形成所造成的影響　　　　　　　　　　　　　　　表38

增強麩素	鹽	麵粉和鹽混拌後,加入水份揉搓(混拌),醇溶蛋白的黏性會增加,形成縝密的麩質網狀結構,強化黏性及彈力。
減弱麩素	油脂	麵粉和油脂混拌後,加入水份揉搓(混拌),麵粉粒子的周圍因包覆著油脂,所以會妨礙形成麩素時所需水份的吸收,使麩素難以形成。 在麩素形成的麵團中加入油脂,也會因切斷了麩素的連結,而減弱麩素的黏性和彈力。
	砂糖	麵粉中混拌入砂糖,加入水份揉搓(混拌),因砂糖會先吸收水份,因而抑制麩素的形成。
	酸(醋、檸檬汁)	麵粉和水混拌時加入酸性物質,會溶解麥粒蛋白,形成軟化的麩素。
	酒精	麵粉和水混拌時添加酒精成份,會溶解醇溶蛋白,形成軟化的麩素。

參考…141頁 / 147〜148頁

澱粉的糊化　Q&A

 為什麼海綿蛋糕完成後，會隨著時間而變硬呢？

 因為麵粉中糊化的澱粉老化所致。

　　海綿蛋糕、奶油蛋糕、麵包...等製作出的鬆軟口感，都是由佔麵粉成份70～75%的澱粉而來的。

　　這些蛋糕麵包，在剛烘烤完成都是膨脹鬆軟的，這是由澱粉的「糊化」現象所產生的口感；另一方面，隨著時間而變硬，是因為澱粉的「老化」現象所造成。

麵粉中的澱粉含量和蛋白質含量　　　　　　　　　表39

	澱粉含量	蛋白質含量
低筋麵粉	75%左右	6.5～8.0%
高筋麵粉	70%左右	11.5～12.5%

1　澱粉的糊化

　　海綿蛋糕麵糊是由麵粉、砂糖、雞蛋和牛奶等水份，混合奶油製作而成。在麵糊階段理所當然是不能吃，但其實材料當中，唯一無法直接食用，其實只有麵粉而已。在烤箱烘烤成可食用的狀態，就是將麵粉中的澱粉糊化，由蛋白質的變性(→238頁)而來。

　　麵粉中的澱粉，是以澱粉粒子的狀態存在，其中含有直鏈澱粉(amylose)及支鏈澱粉(amylopectin)的分子，這些相互黏合成束狀，進而完成整體緊密的結構。這些澱粉即使直接食用，也會因為消化酵素無法作用而不適合食用。

　　因此，麵粉必須加熱後食用，但並不是只有麵粉需要加熱，藉由「同時加熱麵粉中的澱粉和水」，才能製成美味可食的成品。

　　澱粉與水同時加熱，隨著溫度的升高，水幾乎完全被吸收，變成膨脹、且有黏性的糊狀物質，這個現象就稱之為「糊化」。

　　海綿蛋糕、奶油蛋糕及麵包，都是藉由糊化而產生膨脹製成。

2　糊化的澱粉構造

在糊化的過程中，澱粉粒中的直鏈澱粉及支鏈澱粉會有什麼樣的變化呢？

澱粉和水同時加熱，澱粉粒子開始吸收水份，直鏈狀的直鏈澱粉之間，以及分支狀(樹枝狀)的支鏈澱粉之間，會有水份進入，使束狀結構開展(→244頁圖7)，而破壞其緊密的結構。藉由這樣的作用，使得澱粉粒子膨脹而崩壞。

部份的水份子被封鎖在直鏈澱粉及支鏈澱粉的束狀結構間，這種狀態分散於水中，當全體流動性消失後，就產生了黏性。

3　老化的澱粉構造

澱粉的老化，是澱粉成份由糊化狀態回復到原先規則性排列狀態的作用。隨著時間的過去，支鏈澱粉枝狀間的水份，以及直鏈澱粉間所含的水份被排出，使得海綿蛋糕、奶油蛋糕及麵包...等，雖然不會乾燥，但卻感覺變硬。

此時，隨著冷卻也會伴隨著發生「老化」現象。像是將麵包放入冰箱時會變硬就是這個原因。

冷卻變硬的麵包，再次放入烤箱中烘烤加熱，可以重新變得柔軟，是因為將老化的澱粉再次回復到糊化狀態。但是老化澱粉所排出的水份，並無法隨著糊化地再度回復原狀，所以口感就無法再回到原來的膨鬆和柔軟了。

麵粉中澱粉糊化的變化

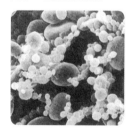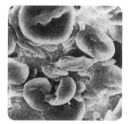

a　加熱前(生澱粉)　　b　加熱至75℃由麵粉上拍攝的澱粉　　c　加熱至85℃由麵粉上拍攝的澱粉

長尾：1989

＊加熱麵粉澱粉：水＝100：70的配方製成的麵糊，以掃瞄型電子顯微鏡拍攝從麵糊中分離出來的澱粉粒。

就像用麵糊塊增加濃湯的濃稠度一樣，塔麵團的酥脆口感、海綿蛋糕的鬆軟口感，都一樣是利用麵粉當中的澱粉糊化後，將其特色呈現出來。

雖說藉由糊化而產生黏性，但其程度卻有相當的不同。在澱粉中加入越多的水，澱粉的糊化就越完全，以水為基底當中分散開來，所以就像濃湯一樣可以全體呈現稠濃感。塔餅麵團因水份量較少，在抑制糊化下製作而成，就感覺不到同樣的黏稠。

即使程度稍有不同，但不管哪一種都是利用澱粉的糊化所製成。

 砂糖配方用量較多的海綿蛋糕，
即使經過數日也能保持柔軟，為什麼呢？

 因為砂糖具有可以維持麵粉糊化的作用。

砂糖具有吸附並保持水份的保水性。加入海綿蛋糕中的砂糖溶於水，在澱粉糊化後，一直存在於直鏈澱粉和支鏈澱粉之間，因此即使澱粉老化、水份被排出，但因砂糖具有保水性，所以能維持糊化狀態的作用。

因此，增加砂糖製作的海綿蛋糕，即使經過數天也不容易變硬。

 …252頁

澱粉糊化及老化的狀態　圖7

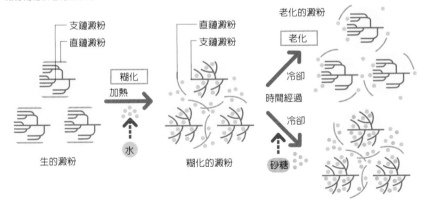

麵粉中的澱粉糊化，黏度會有什麼樣的變化呢？

 在50℃左右，會因糊化而開始產生黏性，至95℃時黏性最強。

麵粉中倒入水加熱，從50℃左右開始產生黏性，這個黏性在95℃時達到最強的高峰，完全糊化。之後持續加熱就會出現破裂黏度的現象，澱粉的部份分子會因加熱而破裂，黏性會稍稍降低。

製作卡士達奶油，在沸騰後仍持續加熱，就是為了要使麵粉中的澱粉產生破裂黏度，以切斷其黏性。

而且，糊化澱粉冷卻後黏性會變強，即使是未完全達到糊化狀態、已達到黏度最強的狀態、或是已是破裂黏度的狀態，不管在哪個狀態下，相較於當時的黏度，冷卻後的黏度會更強。卡士達奶油冷卻會變硬就是這種狀態的例子。

泡芙麵糊，在製作麵糊的過程中，只加熱至80℃左右，糊化中的階段，但步驟太緩慢麵糊變涼後，會因黏度升高而變硬，使得麵糊難以絞擠出來。

 …161頁 / 198～199頁

麵粉中澱粉的黏焙力測定(amylography)　　　　　圖表15

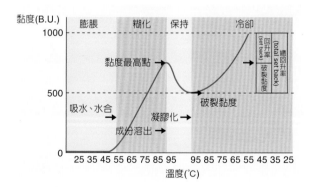

『小麥的科學』長尾精一編

STEP UP 各種澱粉的糊化溫度與黏性

　　麵粉的澱粉，相較於玉米粉(玉米澱粉)、太白粉(馬鈴薯澱粉、甘薯澱粉)，最大的特徵是達到糊化高峰的溫度較高、黏度較低。糕點製作上，將部份的麵粉置換成其他澱粉，就可以改變口感，這就是藉由糊化性的不同而產生的影響。

各種澱粉在糊化時的黏度變化　　　　　　　　　　　　　　　圖表16

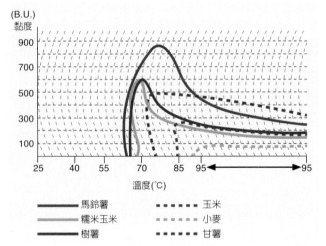

＊馬鈴薯的澱粉是4%，其餘的澱粉調整為6%(全部調整成相同濃度，馬鈴薯澱粉顯著地黏度較高，因此只改變馬鈴薯的濃度)。加熱至95℃後，保溫測定。

檜作：1969

認識糕點製作的素材

砂糖

Sucre

砂糖是糕點製作甜味的主角。

而且，並不只有增添甜味而已，還有協助其他材料的作用。像是打發雞蛋，有助於使其安定，也能添加烘烤色澤；使海綿蛋糕口感更加潤澤，保持鬆軟的口感；防止果醬腐壞等各種作用。

另外，砂糖與水一同熬煮，隨著溫度上升特性也會為之改變，也是砂糖一大特徵，很多糕點就是利用這個特色製成。熬煮至高溫，就可以製成糖果、糖花或牛奶糖。同樣地熬煮後急速冷卻，利用砂糖再結晶化的性質，可以製作成風凍糖霜及威士忌糖球...等。

砂糖，不管是什麼樣的糕點都可以使用，因此，如果能確實地瞭解砂糖的性質，糕點製作上的許多為什麼，更可以輕鬆理解了。

砂糖的種類　Q&A

 請告訴大家最適合製作西式糕點的砂糖種類。

 主要使用的是細砂糖和糖粉。

砂糖的種類、成份及特徵　　　　　　　　　　　　　　　　　　　　　　　　　　　表40

			蔗糖	轉化糖	灰分	水份	粒徑	特徵
分蜜糖↓	雙目糖（粗粒白糖）	細砂糖	99.97%	0.01%	0.00%	0.01%	約0.2～0.7mm	鬆散的白色結晶。純度高，清淡的甜度有著高雅的甜味。
		白雙糖	99.97%	0.01%	0.00%	0.01%	約1.0～3.0mm	顆粒大不透明，但具光澤的結晶。較不易溶化。純度高，清淡的甜度有著高雅的甜味。
		中雙糖	99.80%	0.05%	0.02%	0.03%	約2.0～3.0mm	顆粒大，表面呈焦糖色素，是黃褐色的結晶，純度較高。
	砂糖（綿白糖）	上白糖	97.69%	1.20%	0.01%	0.68%	約0.1～0.2mm	細顆粒，表面澆淋上轉化糖液，可以感覺到潤澤觸感的結晶。
		中白糖	95.70%	1.90%	0.10%	1.60%	約0.1～0.2mm	與上白糖觸感十分相似的褐色結晶。含有比上白糖更多的轉化糖。因含有較多灰分，所以味道濃厚，具獨特的風味。三溫糖與中白糖的成份差別不大，只在於顯示色澤濃淡的色價(ICUMSA)，相對於三溫糖的600左右，中白糖則是約200左右，顏色略白，是二者的不同處。
		三溫糖	96.43%	1.66%	0.15%	1.09%	約0.1～0.2mm	
含蜜糖↑		黑砂糖	85.6～76.9%	3.0～6.3%	1.4～1.7%	5.0～7.9%		由甘蔗中提煉出含有蔗糖的糖汁，直接凝固而成。金黃色，含有較多灰分及不純物質，風味濃郁。

『砂糖百科』社團法人糖業協會、精糖工業會編

＊砂糖有以原料植物區分或以製造方法來區分的2種分類，上述表格中是以後者區分。

　砂糖的成份，幾乎是蔗糖，蔗糖的純度越高，精製度也越高，其中再加以少量的轉化糖和灰分。各種砂糖的味道或性質特徵，會因蔗糖、轉化糖、灰分等各成份的含有量不同，而有所差異。

　製作西式糕點，主要使用的是細砂糖。在日本慣於使用上白糖，但在歐洲細砂糖才是主流。表40中所介紹的砂糖，是在日本一般常見的種類，現在用於糕點製作的砂糖當中，還有糖粉等加工糖，粗紅糖等進口商品也爲數不少。

 製作糕點，細砂糖和上白糖有何不同呢？

 甜度、烘烤色澤、吸濕性及保水性　都有所不同。

　糕點製作上，砂糖不僅是添加甜味，還具有相當多的作用。會因使用的糖類不同，完成的質感也會因而有異。

　各種砂糖所持有的風味及特性，會因其中所含的蔗糖、轉化糖、灰分等成份比例，而有相當大的不同。也就是說，如果能熟知構成砂糖成份的蔗糖、轉化糖及灰分的特徵，就可以瞭解砂糖的特性了。

　在此介紹細砂糖、上白糖和黑砂糖的不同，其餘無法一次介紹的砂糖，同樣地只要能知道構成成份比例，就可以對照這些砂糖及比例來參考，進而瞭解這些砂糖的特性。以下將各別解說這些特徵，請大家作爲製作上的參考。

1　甜度的特徵

　蔗糖輕爽的甜味是最大的特徵，以細砂糖爲首的雙目糖，嚐起來的味道就是蔗糖的風味。

　上白糖、三溫糖…等綿白糖，雖然和細砂糖、中雙糖…等一樣都是蔗糖形成，但製作過程中因爲在結晶上澆淋了VISCO(轉化糖液)，雖然少量，但含有轉化糖是最大的特徵。轉化糖只要加入蔗糖的1%，還是會出現轉化糖的風味，因此上白糖等綿白糖，會在嘴裡留下甜味。

　此外，灰分(無機成份)較多，就是礦物質較多的意思。礦物質本身沒有味道，但砂糖的甜味加上礦物質後，會變得更加濃郁，這就是黑砂糖讓人感覺味道濃、充滿後韻的原因。

①**蔗糖**…形成砂糖甜度的主要成份，清淡爽口的甜度。
②**轉化糖**…蔗糖分解後形成葡萄糖及果糖的混合物。比蔗糖更能感覺到甜度，會在口中留下濃厚的甜味。

2 著色性

烘烤麵團，材料中的蛋白質、氨基酸與還原糖加熱，會產生胺基羰基反應(梅納反應(maillard reaction))，烤出咖啡色的烘烤色澤。

轉化糖也是還原糖的一種，使用含有大量轉化糖的上白糖…等綿白糖來製作烘烤糕點，較容易形成烘烤色澤，就是最大的特徵。

使用於布丁的焦糖，是單獨加熱砂糖所形成的咖啡色變化，由焦糖化所引起，與胺基羰基反應不同。

海綿蛋糕的烘烤色澤差異。
左是細砂糖、右是上白糖。

3 親水性(吸濕性、保水性)

砂糖具有吸附水份(吸濕性)及保持吸附水份(保水性)的特性。轉化糖的這種特性很強，所以使用含有較多轉化糖製作的海綿蛋糕…等糕點，就可以烘烤出口感較爲潤澤的成品。

 砂糖加工後的種類繁多，最常使用於糕點製作的是哪一種？

 顆粒細小的細砂糖。

砂糖大都混拌至麵糊或奶油餡當中使用，溶化於材料的水份中，並發揮各式各樣的特性與作用。依麵糊狀況不同，會有水份少或混拌次數少的配方，這種狀況會使砂糖較難溶化。這個時候就必須使用方便製作，且粒子較細、易於溶化的砂糖。

一般販賣的細砂糖粒子較大，糕點製作用的會是更加細小的微細粒砂糖。若再將細粒切碎，就是糖粉。

例如，製作塔麵團，在奶油中混拌入砂糖等，奶油含有的水份量很少，砂糖會成為很難溶化的狀態；這個時候，就可以使用糖粉。在此使用粒子較大的砂糖，烘烤成品中會看得到殘留在塔餅上的砂糖結晶，外觀和口感都不好。糖粉除了可以混拌至麵團當中，也以在完成時篩在糕點上。

砂糖粒子大小的差異

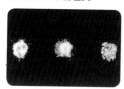

左：微細粒砂糖
中：一般的砂糖
右：白雙糖

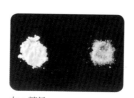

左：糖粉
右：一般的砂糖

左：使用糖粉製成的塔餅、
右：使用細砂糖製成的塔
餅。使用細砂糖，表面會
浮現出細砂糖的結晶，口感
粗硬。

* *
對糕點製作的影響、砂糖的主要作用
* *

1　砂糖親水性所帶來的影響

　砂糖具有易溶於水的「親水性」。就是砂糖會依食品水份中產生的作用，而改變其表現形態，這樣說明應該比較容易瞭解。

(1)掠奪水份的「脫水性」

　製作果醬，將砂糖撒在水果上稍稍放置後，就會流出水份。(→255～257頁)

(2)吸附水份的「吸濕性」

①打發雞蛋，加入砂糖再打發，會因為砂糖吸附了雞蛋中的水份，使得氣泡不易崩壞。(→225～226頁)

②果醬或糖漬水果(砂糖醃漬)，因砂糖濃度高而不易腐壞，成為高保存性的食品。因為砂糖吸收了繁殖微生物時必要的水份(自由水)，所以微生物無法繁殖(→255頁 / 258～259頁)。

③果膠等粉末加入果汁或果醬中溶化，直接加入時會產生結塊的情況，但與砂糖混拌後加入，會更容易分散在熱水中或是避免結塊地溶解於其中。這是因為砂糖介入粉末粒子間，吸附了水份而防止粒子間相互沾黏的作用(→257頁)。

④海綿蛋糕、奶油蛋糕、塔餅等烘烤糕點，混拌麵糊烘烤，砂糖與麵粉等乾燥材料一起混拌，會相互爭奪麵糊中的水份。所以必須考量到砂糖、麵粉的比例，以及可以帶來水份的雞蛋、牛奶...等材料份量，在配方中的均衡狀態(→83～84頁 / 115～116頁 / 129～130頁 / 168頁)。

(3)保持吸附水份的「保水性」

①果凍中砂糖含量越多，水份會被保持在果凍液的網狀結構中，因此果凍可以更有彈力和硬度(→295頁)。

②果凍長時間放置後，會滲出水份產生「離水」現象，但是果凍中砂糖含量越多，就越能保持住水份，可以使離水現象更不易發生(→254 / 295頁)。

③果醬中會產生濃稠狀態(凝膠化)，是因為大量的砂糖可以保持住水份，而使果膠分子結合的原故(→257頁)。

④海綿蛋糕麵糊放入烤箱中烘烤，利用水份蒸發而烘烤完成，含有越多砂糖就越能保持住麵糊中的水份，可以使烘烤的成品口感更加潤澤(→76頁 / 80頁 / 254頁)。

⑤海綿蛋糕麵糊中砂糖越多，越能保持澱粉分子間的水份，使澱粉不易產生老化，即使放置數日也不易變硬(→244頁)。

2 抑制雞蛋蛋白質的變性

(1)抑制蛋白質的熱變性

布丁的凝固，是因爲蒸烤時，雞蛋的蛋白質受熱引起熱變性凝固而成。因爲砂糖具有抑制蛋白質熱變性的作用，所以砂糖越多，雞蛋的凝固溫度也會越高，形成柔軟的凝固(→230～231頁)。

(2)抑制蛋白質的空氣變性

打發雞蛋，蛋白中的蛋白質會因空氣而產生變性，使氣泡上的薄膜變硬，產生安定的氣泡。砂糖有抑制空氣變性的作用。因爲在雞蛋中加入砂糖後，會較不容易打發，所以必須將砂糖份成數次，少量逐次地加入(→89～91頁／225～226頁)。另外，蛋白打發，如果砂糖的配方用量較少，蛋白質的空氣變性過盛，很容易會產生離水現象(→228頁)。

雞蛋中所含的蛋白質，在水中呈分散形態存在，因加熱或打發與空氣接觸而聚集，會排除與相鄰蛋白質間的水份，使其沾黏產生變性而凝固。添加砂糖可以保持水份的吸附使得水份不易被排出，進而抑制變性。

3 再結晶

糖度高的糖漿結晶化。利用這個性質可以製作出風凍糖霜(→262～263頁)及威士忌糖球(→264～265頁)。

4 著色性

製作糕點，砂糖會因加熱而產生著色反應，會有如下的2種變化。

(1)胺基羰基反應(梅納反應(maillard reaction))

烘烤糕點，將砂糖、雞蛋、麵粉…等材料一起加熱，就能烘烤出金黃色的烘烤色澤(→266頁)。

(2)焦糖化反應

製作焦糖醬，砂糖與水一起加熱，就可以產生金黃色的變化(→267～268頁)。

＊ ＊

砂糖的親水性　Q&A

Q 海綿蛋糕配方中，想降低甜度而減少砂糖用量，
為什麼同時也會失去潤澤的口感呢？

A 砂糖具有吸附水份並保持水份的特性，所以減少砂糖用量，
烘烤時麵糊中的水份也會變得容易蒸發。

　　砂糖具有「保水性」，是一種吸附水份並保持住水份的特性。以烤箱烘烤海綿蛋糕，烤箱內充滿著高溫乾燥的空氣，因此海綿蛋糕麵糊中的水份就會被蒸發而完成烘烤。如果減少砂糖的配方用量，麵糊內留住水份的力量減弱，會再加速蒸發而烘烤出失去潤澤口感的海綿蛋糕。

　　因此，為了要控制甜度，而極端減少砂糖用量是不可以的。

Q 減少砂糖用量的果凍，
隨著時間滲出水份的原因為何？

A 是砂糖用量太少的原故。

　　應該要確實地成為固體的果凍，會隨著時間的經過而滲出水份產生離水的現象。為了想要降低果凍的甜度而減少砂糖配方用量，就很容易產生離水現象。

　　果凍，是將明膠等凝固劑溶化於做為基底的液體中，冷卻凝固而成。凝固劑在液體中形成網狀結構，而水份就被鎖在這個網狀結構中，形成具有彈性的固態成品。

　　砂糖當中具有保水性，在明膠的網狀結構內，砂糖吸附了水份並確實地保持在網狀結構中，不易產生離水現象。

　　因此，若是減少了砂糖配方用量，明膠的保水性會降低，變成過於柔軟的果凍，水份也會因而滲出。

參考 …295頁

果醬為什麼不會腐壞呢？

 **因為砂糖具有脫水性的關係。**

果醬是用砂糖熬煮水果製成，因為砂糖具有抑制微生物繁殖的防腐作用。

食品的腐壞，是因為微生物繁殖而產生。微生物的繁殖需要水份，所以要抑制微生物的繁殖，只要減少食物中會使微生物繁殖的水份即可。在此砂糖可以脫除水果中的水份，還可以滲入水果當中吸附水果內殘留的水份，因此可以保持果醬不會腐壞。

另外，果醬裝瓶後，加熱殺菌以提高保存性也非常重要。

1　自由水與結合水

食品中的水份，可分為自由水及結合水。結合水會與食品中的成份相結合，即使食品加熱、乾燥使得水份蒸發，結合水都還是與食品呈現結合狀態。這個時候蒸發掉的是自由水，不受食品束縛可自由移動變化的水份。當微生物繁殖時所使用的就是自由水。

2　果醬中砂糖的「脫水性」

製作草莓果醬，最初會在草莓上撒上砂糖靜置。因為砂糖易溶於水，所以草莓中的水份就會被砂糖所吸附，而脫去草莓的水份。

換句話說，草莓外部的砂糖濃度(糖度)較高，所以草莓內部的水份會向外流出，產生內外濃度相近的作用。藉由這樣的脫水性來減少草莓中所含的自由水量。

順道一提的是這種作用只能出現在新鮮草莓上。

3　果醬中砂糖的「吸濕性」

草莓脫去水份後，砂糖會溶於草莓釋出的水份中，而成為高糖度的糖漿狀態。熬煮的過程中，糖漿的水份蒸發，糖度會更加升高，同時糖漿中的砂糖會隨著時間而擴散至草莓當中，使得草莓內部的糖度也隨之升高。

擴散至草莓內部的砂糖，會吸附自由水，使得微生物繁殖用的自由水量不足，而成為微生物無法繁殖的狀況，提高果醬的保存性。

砂糖

[參考配方範例]

草莓　1000g

⌐ 細砂糖　180g

└ 海藻糖(trehalose)　120g

細砂糖　300g

檸檬汁　1個的份量

果膠(粉末)　3g

裝瓶殺菌完成的果醬

1　在草莓表面撒上細砂糖180g和海藻糖，放置一晚就可以釋出草莓中的水份。

＊海藻糖是糖類的一種，特徵是吸濕性高且甜度只有蔗糖的45%，為了製作出甜度較低的果醬，所使用的糖類。

2　將1以中火加熱至沸騰，並除去浮渣。當草莓開始膨脹，轉為小火熬煮約5分鐘，等待當中的空氣排出。加入270g細砂糖(30g留下來混拌果膠)，以中火再熬煮5分鐘。

＊為了提高糖漿的甜度而再次添加細砂糖。

3　再次沸騰，草莓會膨脹並浮起來，熄火放置約20分鐘。

＊沸騰後草莓浮起來，周圍的糖漿糖度較高，草莓內部的糖度較低，雖然最後會量測外側的糖漿糖度而調整成Brix55%以上，但如果沒有熄火繼續熬煮，糖漿因熬煮使得糖度變高，但草莓內部的糖度還是較低，即使調整外側糖漿的糖度，但隨著時間，草莓內部的水份釋出至糖漿中，糖漿的糖度仍會降低，使得具保存性的糖度降低。因此，暫時熄火放置，使砂糖能慢慢擴散至草莓內部，當草莓內部與外部的糖度相近，再次開火熬煮即可。

4　再次以大火熬煮。

5　沸騰後加入檸檬汁。

＊果膠是擔任連結細胞的重要物質。水果的果膠與大量的砂糖及酸性一起加熱時會產生凝膠化，成為像果凍般凝稠的狀態。因草莓中所含的酸性不足，所以添加檸檬酸來補足。

6　量測糖度，至Brix55%，或是測得溫度在104～106℃，就可以將果膠和其餘的細砂糖一起混拌後加入。

＊依水果不同果膠的含量也不盡相同。草莓的果膠含量較少，所以為強化凝膠狀，可添加粉末果膠來補足。

＊因粉末狀果膠直接加入，很容易產生硬塊，所以先和細砂糖混拌後，再加入其中。進入果膠粉末間的細砂糖，可以吸附水份，防止果膠粒子間的沾黏。

7 沸騰後熄火，仔細地撈去浮渣。

8 將果醬裝入以熱水殺菌過的瓶子中，再將瓶子連同果醬一起進行隔水加熱。當果醬中央的溫度到達85℃，先打開瓶蓋，確認響起了噗咻的聲音，空氣完全排出後(排氣)，再蓋上蓋子，繼續加熱殺菌20分鐘。

1 在草莓表面撒上砂糖。

2 稍加靜置後釋出水份。當水份釋出後即可加熱。

3 為避免粉末狀果膠形成硬塊，先以細砂糖混拌後，再放進加熱的草莓當中。

4 沸騰後熄火，撈去浮渣。

....

STEP UP **果膠的膠化有助於砂糖的保水性**

草莓中所含的果膠或是粉末果膠，都會溶於熱水中，產生凝稠的凝膠化狀態，大量的砂糖會吸附並保持住果膠周圍的水份，使果膠粒子相互結合，能夠更容易地製作出安定的網狀結構。

....

果醬的糖份必須到什麼程度才可保存不會腐壞呢？

 糖度必須是55～65%的中糖度、高糖度65%以上。

　　果醬是一種添加了大量砂糖具高度保存性的食品。手製果醬以和水果等量的砂糖一起熬煮是基本的標準。

　　果醬熬煮時多少會蒸發掉水份，因為果醬中砂糖的用量多寡不同，所以果醬熬煮完成會量測最終糖度，調整至中糖度55～65%、高糖度65%以上。

　　果醬的糖度，一般是以Brix計來量測，而且會以Brix○%的單位來表示糖度。糖度55%、Brix55%，是指100g溶液中溶解了55g蔗糖。

　　最後糖度的測定未達55%，必須再次熬煮至糖度上升為止。

 糖漬水果(砂糖醃漬)如何製作呢？

 **將水果浸漬在糖漿中，每日重覆取出糖漿熬煮，
再放入醃漬的步驟，就可以慢慢地提升水果的糖度了。**

糖漬橙皮

　　糖漬水果(Fruits confits)，是以砂糖醃漬水果。像是以橙皮製作的糖漬橙皮，可以切細以巧克力澆淋在表面，或是切碎混拌在奶油麵糊中。

　　製作方法如下：先汆燙後浸泡在大量水中以去除苦味。浸泡在Brix55%的糖漿中，放置1日。放置後因橙皮中釋出的水份會使糖漿變得稀薄，同時砂糖也會擴散至橙皮的內部。次日再次熬煮糖漿，使水份蒸發(或是在糖漿中加入砂糖)，製作成Brix60%的糖漿，放入橙皮繼續浸漬。接著是以Brix65%的糖漿浸漬，慢慢地使糖份滲入橙皮中，約4～7天，最後糖漿的糖度會升高到Brix70%為止。

　　如果一開始就以糖度Brix70%的糖漿來浸泡，會產生脫水現象，使得橙皮變硬。

糖漬橙皮的醃漬過程

左：Brix55%、中：Brix60%、
右：Brix70%。

砂
糖

砂糖的再結晶　Q&A

 溶化後成為透明狀的糖漿，為什麼會凝固呢？

 是因砂糖的「再結晶」作用。

砂糖本身就是結晶製品，但將砂糖再次溶解於水中熬煮成糖漿，形成過飽和狀態，會再度以不同形式產生結晶化，稱之為「再結晶」。在糕點製作上，利用砂糖的再結晶現象，除了風凍糖霜之外，還有威士忌糖球...等。在此針對再結晶詳加說明。

1　所謂砂糖的「再結晶」

砂糖的成份大部份是蔗糖。蔗糖的結晶雖是無色透明，但非常小的結晶聚集起來，因光線不規則反射看起來像是白色。細砂糖或上白糖的白色就是由此而來。

另一方面，同樣是砂糖，冰糖卻是透明；原因在於結晶較大的關係。在糖濃度高的糖漿中，放入成為結晶核的種糖，經過一段時間就會慢慢地結晶化，最後形成大的結晶。

將結晶構造的砂糖溶於水，再進行熬煮的溶液中，給予形成結晶的契機就可以再次製作出砂糖的結晶，這就稱之為「再結晶」。

2　蔗糖的溶解度

砂糖易溶於水，當水溫上升時會更容易溶解。

在多少溫度，砂糖(蔗糖)會溶化多少的數據，就是溶解度。

例如，在鍋內放入100ml(g)0℃的水，再試著放入無法完全溶解的蔗糖(細糖)300g，並且即使在冷水時無法完全溶解，隨著溫度的升高，砂糖的溶解度(易於溶解度)會隨著溫度的上升而提高，接近65℃時就會完全溶解了(→表41)。

3　利用再結晶製作糕點的訣竅

水和細砂糖一起加熱，超過100℃，水份就開始蒸發，接下來暫時溫度都不會升高太多。至115℃，蒸發了相當多水份之後，接著溫度會再以相當快的速度升高。

例如，溫度上升到115℃，蔗糖的濃度為87%(→表42)，但溫度降低至40℃，濃度為70.42%，就是蔗糖超過水可溶入的界限(飽和狀態)約17%。這就稱之為過飽和狀態。這樣程度的過飽和狀態，足以製作出蔗糖結晶。

　如果就此放置，隨著時間的經過，會產生結晶核，並變大成爲結晶，利用這樣的原理製作，就是威士忌糖球。這個時候，完成結晶相當花時間，結晶會像冰糖般透明且顆粒較大。

　最早能製作結晶是在40℃時激烈混拌，可以增加結晶核的形成率，更早進入結晶化狀態。風凍糖霜(fondant翻糖)就是利用這個方法製成。

蔗糖溶解度和溫度的關係			表41
溫度(℃)	100g溶液中蔗糖的g數或蔗糖的濃度%	100g水中可溶化的蔗糖g數	溶液的比重
00	64.18	179.2	1.31490
10	65.58	190.5	1.32353
20	67.09	203.9	1.33272
30	68.70	219.5	1.34273
40	70.42	233.1	1.35353
50	72.25	260.4	1.36515
60	74.18	287.3	1.37755
70	76.22	320.5	1.39083
80	78.36	362.1	1.40493
90	80.61	415.7	1.41996
100	82.87	487.2	1.43594

『調理和理論』山崎清子、島田キミエ共同著作

蔗糖溶解度和溫度的關係			表42
沸點(℃)	蔗糖濃度(%)	沸點(℃)	蔗糖濃度(%)
100.2	10	108.2	78
100.3	20	109.3	80
100.6	30	112.0	84
101.1	40	115.0	87
101.9	50	118.0	89
103.1	60	120.0	90
104.2	66	122.0	91
105.2	70	124.0	92
106.5	74	130.0	94

『西式糕點材料的調理科學』竹林やゑ子著
「砂糖濃度與沸點」部份摘錄

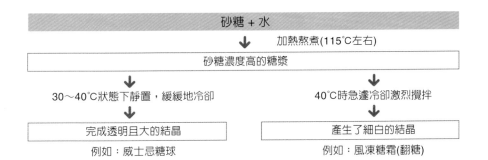

砂糖 + 水

↓　加熱熬煮(115℃左右)

砂糖濃度高的糖漿

↓ 30～40℃狀態下靜置，緩緩地冷卻　　　　　　↓ 40℃時急遽冷卻激烈攪拌

完成透明且大的結晶　　　　　　產生了細白的結晶

例如：威士忌糖球　　　　　　例如：風凍糖霜(翻糖)

Q 閃電泡芙Éclair上澆淋的風凍糖霜，是如何製成的呢？

 A 砂糖和水熬煮成糖漿攪拌，
使砂糖形成「再結晶」而製作出的細緻結晶。

澆淋上巧克力風凍糖霜和焦
糖風凍糖霜的閃電泡芙。

　　將砂糖製成的白色風凍糖霜，加入了巧克力和焦糖，澆淋在閃電泡芙上，這個風凍糖霜(翻糖)就是上頁說明，藉由砂糖的「再結晶」製作而成。

　　順利地完成再結晶的步驟，就是製作出風凍糖霜的訣竅。

　　首先，加熱水及細砂糖的糖漿，溶化後熬煮至115～118℃，使水份蒸發。

　　接著將溫度降低到40℃，蔗糖的溶解度也會隨之降低，相當1ml水量中，能溶解的砂糖量也會隨之減少，無法溶解的細砂糖會釋出，成為過飽和狀態。

　　此時，藉由激烈混拌的刺激作為結晶的契機，而開始形成砂糖的再結晶。

　　為了能得到像風凍糖霜般微細的結晶，並完全結晶化的持續激烈混拌，是非常重要的步驟。藉由激烈的混拌，增加結晶核的數量，製作出大量細小結晶，如果混拌中途停下來的話，結晶核的數量會減少，結晶會變大。

　　像糖杏仁(Praline＝沾裏糖衣的杏仁果)，是在比風凍糖霜更高的溫度下，短時間混拌而成的結晶，所以杏仁果周圍是粗粒結晶的糖衣。

　　因為由砂糖的細微結晶和高濃度糖漿混拌而成，所以風凍糖霜整體都是呈柔軟狀態。

●●●風凍糖霜(fondant)的製作方法

[參考配方範例]

細砂糖　1000g
水　300ml
水麥芽(水貽)　200g

1 在鍋中混入細砂糖、水、水麥芽※混拌。加熱熬煮至115〜118℃。在大理石的工作檯上噴撒水霧，並作出框架，將糖漿倒入其中，冷卻至40℃。

2 以擀麵棍攪拌（或使用電動攪拌器）。

3 形成粗糙狀態的再結晶。揉搓成團後，避免表面過於乾燥地保存在陰涼的地方，放置1天後就會變得滑順。

※加入水麥芽是因為當中含有糊精(dextrin)的成份，具有防止急速再結晶的作用。

＊也可以加入少量的細砂糖當做種糖，再進行攪拌。

＊熬煮的溫度會依使用目的及季節而有所不同。

・・・

STEP UP 風凍糖霜（翻糖）的使用方法

　　風凍糖霜使用前揉搓，就會產生光滑、平順的狀態。使用前的風凍糖霜還殘留著結晶化及糖漿部份，放在陰涼處保存，會呈現過飽和狀態。用手揉搓，可以想成是因手上的溫度能溶化較小的結晶，使得結晶分散在糖漿中而產生流動性；也有人說這是「去掉結晶稜角」的步驟。

　　使用在閃電泡芙上，揉搓後加入少量糖漿，加溫至35℃左右，使其產生流動性再使用。溫度比35℃更低時會無法凝固，而太高時結晶會溶化，再次凝固時結晶會變粗，也會失去光澤。

風凍糖霜的使用方法

1 在揉搓之前會呈乾鬆容易裂開的狀態。

2 揉搓後，會變得滑順並且出現光澤。

3 出現流動性，風凍糖霜不會斷掉地可以被延展開來。

4 澆淋在閃電泡芙上面，
先加入糖漿加溫，調整硬度
後再進行步驟。

Q 威士忌糖球是如何用薄薄的糖果
包覆住威士忌糖漿的呢？

A 使部份威士忌糖漿的砂糖「再結晶」，
製作出外側的糖果。

威士忌糖球。薄薄的糖果
中包覆著威士忌糖漿。

最能代表威士忌糖球的就是利口酒糖(Bonbons à la liqueur)，
乍看之下就像是糖果，但含入口中後，外側薄薄的糖果迅速
地裂開，口中就會充滿威士忌糖漿的風味。

威士忌糖球，並不是製作出中空的糖果再注入威士忌糖
漿，而是將威士忌糖漿填入糖果模型中，與模型接觸部份的
糖漿，其中所含的砂糖經過再結晶，而形成糖果般的固態薄
膜。那麼為什麼可以形成這麼薄的糖果呢？為什麼糖果中間
不會變硬呢？讓我們邊瞭解步驟過程，邊對此加以說明。

首先，和風凍糖霜一樣，加熱細砂糖和水製成的糖漿，溶
化後熬煮至110～115℃，使水份蒸發。

之後，在糖漿中加入威士忌酒混拌，使溫度降低至40℃，
此時就會釋出無法溶化的砂糖，這就是所謂的過飽和狀態。

此時，放入成為種糖的異物靜置後，會開始以此為核心地形成結晶。

威士忌糖球製作，將威士忌糖漿放入加溫至40℃左右的玉米粉模型中，放置在保持
30～40℃的溫暖場所。對糖漿而言，玉米粉就是異物，以此為核心地開始緩慢地形成結
晶。僅有接觸到的部份會產生結晶化，中間仍是糖漿，而外側成為結晶，成為結晶包覆
著糖漿的狀態。

●●●威士忌糖球的製作方法

[參考配方範例]

細砂糖　750g

水　250ml

威士忌　250ml

1　在木框中大量地放入溫熱至40℃的玉米粉，以專用模型按壓出糖果大小的模型孔洞。加熱鍋中的水及細砂糖，熬煮至110～115℃。鋼盆中加入威士忌、糖漿混拌。將威士忌糖漿倒入按壓出的模型孔洞中。

2　上方再撒上玉米粉，待所有的模型孔洞都完全被覆蓋後，放置於溫度保持在30～40℃的場所，慢慢地等待再結晶的完成。

3　6～7小時後翻轉。接著再繼續放置6～7小時，待全體凝固變硬後取出。

砂糖

砂糖的著色性　Q&A

 為什麼麵糊當中砂糖的配方量高，烘烤時也較易於著色呢？

 因為產生了胺基羰基反應。

　　塔餅或餅乾等以烤箱烘烤出的糕點、鬆餅般以平底鍋烘烤而成的糕點、或者是像甜甜圈般油炸製成的點心，都會因為加熱而產生烘烤色澤(黃金炸色)，也會產生美味的香氣。

　　這是因為雞蛋、砂糖、麵粉和奶油等材料中，含有蛋白質、氨基酸及還原糖，在高溫下(約160℃以上)一起加熱，會產生一種稱為胺基羰基的化學反應。因為這個反應產生金黃色的類黑色素(melanoidin)物質，形成烘烤色澤。

　　胺基羰基反應，只要砂糖配方用量增加，還原糖也會隨之增加，所以烘烤色澤也會更深，烘烤的香氣也會更強。

　　話說如此，這個反應也不是一定要有砂糖才可以進行。燒烤雞蛋或肉類，也同樣會有烤色及香氣，所以只要材料中含有蛋白質、氨基酸和還原糖，就會引起此反應。

胺基羰基反應(梅納反應)

蛋白質、氨基酸　＋　還原糖 $\xrightarrow[\text{高溫加熱}]{}$ 烘烤色澤　＋　香氣
　　　　　　　　　　　　　　　　　　　　　　　　（類黑色素）

....

STEP UP 何謂還原糖

　　所謂還原糖，就是具有反應性的高還原基糖類。葡萄糖、果糖、麥芽糖及乳糖...等都屬於這種糖類。

　　轉化糖，是由葡萄糖和果糖混合而成的混合物，因此也分類在還原糖類中。

　　因此，比細砂糖擁有更多轉化糖的上白糖，就更容易引起胺基羰基反應，而烤出較深的烘烤色澤。

....

細砂糖中幾乎不含還原糖，烘焙糕點時增加細砂糖的用量，
也可呈現出烘烤色澤，是為什麼呢？

 因為細砂糖中所含的部份蔗糖分解後，
產生了還原基。

　　細砂糖幾乎不含屬於還原糖的轉化糖，但烘烤糕點，只要增加砂糖的配方用量就可以
呈現出漂亮的烘烤色澤，是爲什麼呢？

　　這是因爲細砂糖含有的蔗糖，是由葡萄糖及果糖等還原基所組合而成的糖類，所以雖
然本身不屬於還原糖，但因高溫及酸性環境下部份蔗糖被分解後，出現了還原基。細砂
糖的含量越多當然分解出的還原基也越多，就越容易引起胺基羰基反應。

　　只是相較於上白糖，細砂糖的還原基仍較少，所以烘烤色澤會比上白糖淺。

 …250頁

 請教大家漂亮作出布丁用焦糖的訣竅為何？

 以大火加熱糖漿，同時必須注意不能攪拌。

　　糖類單獨加熱至140℃，就會開始漸漸出現顏色了。160℃以上會引起焦糖化反應而製
作出焦糖色和散發出焦糖特有的香味。當顏色變成金黃色，就完成焦糖製作，這時若還
持續加熱，最後就會燒成焦黑。

　　在砂糖中加入少許的水，可以更容易均勻加熱，所以實際上添加了水製成糖漿，再加
以熬煮製作即可。但在熬煮階段必須注意不能混拌以免產生砂糖再結晶。

●●●焦糖的製作方法

1　　在鍋中放入細砂糖，再倒入水。

＊水份太多，蒸發時間會很長，也會拉長熬煮至焦糖化的時間，所以水份用量約是砂糖重量的1/4～1/3左
右最適宜。

＊利用水份使砂糖能均勻分布。如果殘留下未溶化的細砂糖，很容易會成爲核心而造成再結晶的狀況。

2　以大火加熱。

＊以小火加熱，需較長時間才能加熱至高溫，因此會蒸發大量水份，容易形成再結晶。

3　想要使鍋子能均勻受熱，可以傾斜晃動鍋子，但不可以攪拌。濺在鍋邊的糖漿可以用沾水的刷子刷落至鍋中。

＊糖漿熬煮時若攪拌，很可能會產生再結晶，並且當液面氣泡消失，糖漿濺到鍋邊燒焦，若是將燒焦的部份也刷入鍋中，很有可能會以燒焦部份為核心地形成再結晶。

4　溫度超過160℃，開始呈現金黃色，在熬煮成自己想要的色澤前，就必須熄火停止加熱，並將濕布巾墊在鍋底。

＊因考慮到餘溫會使得顏色更深，所以在自己想要的色澤前就先停止加熱。

焦糖的製作方法

 →

以大火加熱透明的糖漿。　熬煮至呈現金黃色，焦糖就完成了。

左：開始出現顏色(140℃)、中：淡淡的焦糖色(165℃)、右：濃重的焦糖色(180℃)。

認識糕點製作的素材

牛奶
鮮奶油

　　牛奶、鮮奶油都是由現擠生乳加工而成。牛奶指的是將生乳加工成更容易飲用的製品；鮮奶油據說是以前將現擠鮮奶放置後，浮在鮮奶上的奶油層而來。

　　鮮奶油，打發用可分為乳脂肪35～50%的製品。乳脂肪低時因含有較多氣泡，所以適合輕盈口感的慕斯等；而乳脂肪成份高，雖然氣泡含量較少，但可以製作出較為濃郁滑順的口感。因為乳脂肪是打發氣泡的關鍵，所以不同濃度有不同的使用法。

　　牛奶與雞蛋的搭配性極佳，混合後加熱，可以製成卡士達奶油、英式奶油醬汁、布丁及冰淇淋…等。

　　這個章節中，將針對牛奶與鮮奶油的種類，以及打發鮮奶油的部份加以解說。

牛
奶
、
鮮
奶
油

 剛擠出來的牛奶，為什麼會被認為比較香濃呢？

 因脂肪球較大，所以可以感覺濃郁的乳脂肪成份。

　牧場現擠的牛奶(生乳)，進行均質化及加熱殺菌等處理後，就是牛奶製品。

　生乳和市售的牛奶，所含的乳脂肪比例是相同的，但為什麼牧場現擠的牛奶喝在口中會有較香濃的感覺呢？

　生乳和牛奶的不同在於乳脂肪球的大小。乳脂肪是由乳脂肪球的粒狀形式存在，又稱之為乳漿，分散在水份當中。

　生乳的脂肪球大約是15微米，所以稍加放置後就會浮在表面，形成奶油層。脂肪(油脂)比水輕，所以脂肪球越大，也越容易浮至表面。

　牛奶在出貨時，為了避免這種脂肪球浮在表面的狀況，成為更安定的製品，會將脂肪球都縮小成1微米的大小，使其能均勻地分散在水份當中，這就稱之為「均質化(homogenized)」的加工步驟。

　所以，感覺生乳比牛奶更香濃，是因為脂肪球較大，比較容易在舌尖上感受到油脂的存在。如果是在奶油層形成時飲用，第一口就能更直接品嚐到脂肪成份了。

　均質化，不止是為了使水份與脂肪不會產生分離地呈現更安定的狀態，也是藉著縮小脂肪球的大小，讓牛奶喝起來可以更加清爽。

乳脂肪球因均質化所產生的變化

均質化前的牛奶

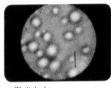

15微米左右

均質化後的牛奶

約1微米

＊以1000倍率拍攝。

照片提供：日本ミルクコミュニティ(株)

為什麼乳脂肪成份相同的牛奶，風味卻不同呢？

 因殺菌法不同，香味也會因而不同。

　　日本90％以上的牛奶，都是用超高溫瞬間殺菌法處理，藉由加熱而產生若干風味的變化。這個原因之一，就是加熱至70℃以上，會產生乳清蛋白(Whey Protein)(特別是ß-乳球蛋白beta-lactoglobulin)的變性。因此，可以感覺到硫化氫(hydrogen sulfide)所產生的獨特硫黃味；在日本，可能有很多人將這個味道認為是牛奶的香味。

　　另一方面，歐洲多以75℃以下的溫度殺菌為主流，感覺不到風味變化是這個殺菌法的特徵。

　　近年來在日本，以低溫殺菌法製成的「低溫殺菌牛奶」，因為不會改變牛奶的風味又能有清爽口感，喜好的人日漸增加。

牛奶的殺菌法　　　　　　　　　　　　　　　　　　　　　　表43

低溫保持殺菌法	62～65℃、30分鐘殺菌
高溫保持殺菌法	75℃以上、15分鐘殺菌
高溫短時間殺菌法	72℃以上、15秒以上殺菌
超高溫瞬間殺菌法	120～130℃、2～3秒間殺菌
超高溫瞬間滅菌法	130～150℃、1～4秒間殺菌

 娟姍牛奶和一般牛奶有何不同？

 乳牛品種不同。日本一般的乳牛是荷士登(Holstein)種，
這種牛奶是由娟姍種(Jersey)乳牛所產。

　　對於乳牛，大家印象中首先想到的，一定是黑白斑點相間的乳牛；這是荷士登種乳牛，1頭牛的出乳量約是其他品種乳牛的2倍，而且可以轉成食用性牛隻，且生產性佳是最大的特色。

　　雖然生產量較少，但近年來非常受到歡迎的是娟姍種(Jersey)乳牛。相較於荷士登種乳牛，娟姍種乳牛產的牛奶，被認為脂肪成份較高，醇濃風味好。除此之外，娟姍乳牛牛奶的美味受到很高的評價。

　　在歐洲學習的糕點師父們，認為歐洲的牛奶及鮮奶油較為美味，應該是與乳牛的種類及殺菌法不同有關。

日本的乳牛		表44
	荷士登種	娟姍種
日本的飼育比例	約99%	未滿1%
1頭牛的出乳量(每年)	約8000kg	約4000～5000kg
乳脂肪成份	約3.7～3.9%	5%左右
	德國至荷蘭的荷士登所產的乳牛，經美國改良品種	英國澤西島上所產的乳牛，與法國諾曼第及布列塔尼交配後的改良品種

鮮奶油的種類　Q&A

 牛奶與鮮奶油有何不同呢？

 乳脂肪成份不同。
製作糕點用的鮮奶油乳脂肪含量是牛奶的10倍以上。

　　牛奶和鮮奶油都是由牛的鮮奶(生奶)而來，兩者不同在於乳脂肪含量。一般牛奶乳脂肪含量在3.7%左右，而鮮奶油(打發鮮奶油)則是35～50%。

　　生乳中的乳脂肪，是以脂肪球的粒狀分布在水份當中，因為粒狀較大，稍加放置後，脂肪球就會浮至表面形成奶油層。

　　簡單地說，取出的這層奶油層，就是鮮奶油。工業上，將生乳稍微加溫後，利用離心分離機，可以分解成脫脂牛奶和奶油。

　　奶油加熱殺菌、冷卻、熟成(aging)，進行加工後，就可以製成商品。

 鮮奶油有乳脂肪和植物性脂肪，
請告訴大家其中的不同。

 植物性脂肪的鮮奶油，本來是乳脂肪鮮奶油的代用品，
由植物性油脂製成。

　　由牛奶中取出的奶油層，是乳脂肪的「鮮奶油」，而其代用品是「植物性鮮奶油」。植物性名稱的由來，是為了取代乳脂肪而改以植物性油脂製作而成。使用的是棕櫚油、椰子油、油菜籽油以及大豆油...等。

這些植物性油脂與乳脂肪相較之下，硬度、口感、對氧化的安定性都有所不同，因此進行了氫化加工(Hydrogenation)、酯交換反應及區分...等加工法，使植物性油脂能與乳脂肪特色相近。

為了能與乳脂肪的「鮮奶油」有相同構造，以脫脂牛奶為原料，在其中分散植物性油脂的細小粒子。即使如此，這仍是水份和油脂，直接混合時會產生分離狀態。

原本乳脂肪的「鮮奶油」，是乳脂肪以脂肪球的細小粒狀，均勻散布在乳漿(大部份是水份)之中，因為含有稱為乳化劑，能同時和水及油脂和平相處的物質，包圍著水和油，使兩者不會直接接觸。

乳脂肪的「鮮奶油」原本就含有天然的乳化劑，但製作植物性奶油，就必須添加數種工業乳化劑。此時脫脂乳當中必須添加水溶性乳化劑和保持乳化狀態的安定劑，而植物性油脂中必須添加脂溶性乳化劑，之後再將兩者混合。

此外，為了能製作出近似乳脂肪「鮮奶油」的香味及顏色，所以脫脂乳當中必須添加香料及著色劑，接著經過均質化、加熱殺菌、冷卻、熟成的步驟後完成製品。

參考 …233～234頁

鮮奶油的顯微鏡照片

乳脂肪以脂肪球的形態分散在水份當中。

＊鮮奶油濃度越高，脂肪球越密集而不容易看見，因此稀釋20倍，以900倍率攝影。

照片提供：日本ミルクコミュニティ(株)

鮮奶油的標示

種 類 別	鮮奶油(乳製品)
乳脂肪成份	47.0%
原材料名稱	生乳
內 容 量	1000ml
保 存 期 限	如包裝上記載
保 存 方 法	需冷藏(3℃～7℃)
製 造 者	日本ミルクコミュニティ(株) 日野工廠 東京都日野市日野753號

乳脂肪的「鮮奶油」

名 稱	以乳等作為主要原料之食品
無脂乳固形成份	3.5%
植物性固形成份	40.0%
原 材 料 名 稱	植物油脂、乳製品、乳化劑(大豆提煉)、酪蛋白酸鈉、香料、偏磷酸鈉、安定劑(增粘多糖類)、著色劑(類胡蘿蔔素色素)
內 容 量	1000ml
保 存 期 限	如包裝上記載
保 存 方 法	需冷藏(3℃～10℃)
製 造 者	日本ミルクコミュニティ(株)豐橋工廠 愛知縣宝飯郡小坂町大字 伊奈字南山新田350號79

植物性鮮奶油

為什麼打發植物性鮮奶油，
比打發乳脂肪鮮奶油更不易產生分離現象呢？

 因為植物性鮮奶油，是專為打發製作的鮮奶油。

　　鮮奶油除了在製作糕點時打發使用之外，也會用於料理的加熱調理，加入醬汁或湯品中。話雖如此，在日本仍是壓倒性地使用於糕點製作，因此植物性鮮奶油也都設定爲用於糕點製作上。

　　這也是植物鮮奶油上常可見到「whip」標示，意思是「這是適用於打發使用的鮮奶油」。

　　植物性鮮奶油相較於乳脂肪「鮮奶油」，可以在最佳狀態下打發，即使長時間打發也不太會有分離現象。打發後爲了方便塗抹在蛋糕上，或是絞擠等步驟的進行，植物鮮奶油是以稍有延遲也不會產生分離的條件下，調配製作而成。另外，不耐高溫也是特徵之一。

　　與乳脂肪「鮮奶油」不同，像這樣不容易分離的狀態，是添加了工業乳化劑而來。乳化劑有許多種類，可以安定鮮奶油並且具保存性、打發時能穩定地將空氣攪打於其中、爲了易於發泡而適度破壞乳化的特色…等等，就是將這幾種乳化劑搭配組合，而製作出不易分離的鮮奶油。

　　相反地，因爲不是以料理用途來設計的產品，因此一加熱，就會立刻產生分離狀態。

左：乳脂肪「鮮奶油」、
右：植物性鮮奶油。

Q 為什麼乳脂肪鮮奶油的保存期限
有的較長有的較短呢？

A 有僅以生乳為原料製作而成的製品，
和添加了乳化劑、安定劑製成的製品，後者是以較長的保存期限來設計。

　　乳脂肪鮮奶油有2種。一種是以生乳製成的「鮮奶油」；另一種則是添加了乳化劑和安定劑，如果還添加了生乳以外的其他材料，依照規定不能被稱為「鮮奶油」，而是被分類為「以乳或乳製品（乳等）為主要原料之食品」。

　　後者的乳化劑及安定劑，是以增加保存性及提高步驟性的目的而添加。鮮奶油因運送過程的振動，乳化狀態很容易被破壞，是非常敏感的製品。雖然其中本來就含有天然乳化劑，但追加工業製成的乳化劑，可以更長期保持品質與期限，是最大的優點。

　　再者，安定乳化狀態，可以使其不易分離地進行打發、裝飾及絞擠步驟，也可以更保持形狀，方便處理。

　　雖然一般添加乳化劑和安定劑，不會影響風味，但是依品牌不同，原料的生乳及製作方法不同，還是會導致風味的差異。

鮮奶油的種類

圖表45

	種類別	分類	脂肪的種類	添加物	通稱	特徵
A	鮮奶油 (乳製品)		乳脂肪	無	有時只有這2種能稱為「鮮奶油」	僅以生乳中所含乳脂肪濃縮而成的純鮮奶油
B	乳或乳製品(乳等)為主要原料之食品	乳脂型	乳脂肪	乳化劑 安定劑		為使「鮮奶油」不易分離且具良好保存性而添加了乳化劑及安定劑
C		植脂型	植物性脂肪	乳化劑 安定劑	植物性鮮奶油	脂肪部份僅以植物性油脂製成
D		混脂型	乳脂肪 植物性脂肪	乳化劑 安定劑	複合鮮奶油	脂肪部份以乳脂肪與植物性脂肪製成

＊商業上多半使用混合了乳脂肪和植物性脂肪，被稱為複合鮮奶油的混脂型鮮奶油。

Q 為什麼鮮奶油會依製品不同而有顏色上的差異呢？

 A 乳脂肪製成的鮮奶油，即使是相同品牌，當濃度越高顏色也會略為泛黃，而植物性奶油則是雪白的。

鮮奶油的顏色，是由脂肪來決定。

植物性鮮奶油是純白色，原因在於植物性鮮奶原本就沒有任何顏色。

以乳脂肪製成的鮮奶油，會略帶黃色。這是因為飼料的牧草當中，含有類胡蘿蔔素色素(呈黃色接近橘色)的緣故。類胡蘿蔔素色素是脂溶性色素，所以進入牛隻體內，會溶於乳脂肪當中。當有下列條件，略帶黃色的程度會更強。

① 濃度

濃度越高，泛黃的顏色越強。這是因為乳脂肪量越多，溶於其中的類胡蘿蔔素色素也越多。

② 季節

相較於夏天，冬天的泛黃程度較強。飼料中翠綠色牧草所含的類胡蘿蔔素色素較多。

③ 集乳地區、品牌

和②的理由相同，放牧地帶以青草為飼料地區的牛所產的原料乳，顏色也會比較泛黃。雖然大家都認為北海道產的牛乳較為偏黃，但這也會因品牌不同而略有差異。

打發鮮奶油（發泡性） Q&A

Q 鮮奶油為什麼可以打發呢？

A 脂肪球相互連結，因而包覆住空氣（氣泡）。

鮮奶油打發的過程

表46

A 打發前

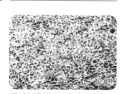

脂肪球均勻地分散在水
份當中

乳漿（水份）

乳脂肪（脂肪球）

B 打發初期

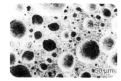

氣泡

C 打發中期

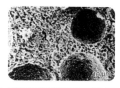
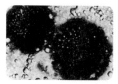

氣泡

D 打發完成

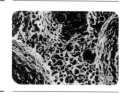
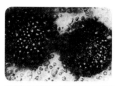

野田、椎木：1986

　鮮奶油是乳脂肪在水份中，以稱為脂肪球的小型粒狀分散於其中，也就是在水中油脂
沒有分離地呈混合狀態，這就稱之為「乳化」。

　　脂肪球被脂肪球膜包覆著，薄膜與乳脂肪接觸面上，是與油及空氣相容(疏水性)的物質，而脂肪球膜的表面則是與水相容(親水性)的物質，因此即使是脂肪球的油脂，也可以均勻地分散在水中。

　　鮮奶油為了提升保存性，以及能以液態來使用，乳化會使其呈安定狀態。但在鮮奶油打發步驟，相反地藉由混拌的物理力量破壞乳化，就是「解乳化」。

　　首先以攪拌器混拌，空氣會在鮮奶油中以細小的氣泡進入，這個氣泡的表面會被脂肪球膜表面上的蛋白質…等所吸附，藉由空氣變性來破壞脂肪球膜。因此藉由攪拌使脂肪球體間相互撞擊，利用撞擊來破壞脂肪球膜，肪脂球膜的表面會有部份進入疏水性領域。在疏水性領域中與空氣結合，脂肪球會集結在氣泡周圍(表46照片B)。隨著脂肪球之間相互的撞擊而不斷地加以集結，這就會在氣泡間形成網狀結構，而成為支撐打發鮮奶油的硬度(表46照片C、D)。

Q 鮮奶油打發，為什麼會略帶淡黃色呢？

A 包覆著鮮奶油脂肪球的薄膜被破壞，而呈現乳脂肪本來的顏色。

　　鮮奶油隨著攪打發泡，顏色也會略帶淡黃色，這是因為打發使得包覆住脂肪球的脂肪球膜被破壞，而呈現乳脂肪本來略帶黃色的顏色。前文當中也提到過乳脂肪，會因飼料中牧草所含的類胡蘿蔔素色素而產生黃色。

　　特別是藉著鮮奶油的分離，使得脂肪球融合而來，像奶油就可以看到明顯的黃色。

　　原本雖然含有乳脂肪，但鮮奶油或牛奶看起來卻是白色，是因為脂肪球與蛋白質的酪蛋白(酪蛋白膠微粒casein micelle)，形成微粒子分散在水中，因光線的不規則折射所造成。光線通過物體，所有的顏色都會變透明，光線完全被吸收時就是黑色，而完全的不規則反射就會形成白色。

Q 為什麼鮮奶油與酸味較強的鮮果泥混拌，會產生分離現象呢？

A 因為鮮奶油當中的蛋白質，會因酸而凝固。

製作水果慕斯，當鮮奶油與酸味較強的鮮果泥混拌，就會產生分離現象。這是因為鮮奶油中所含的蛋白質，會因果酸而凝固(蛋白質的酸變性)。

在鮮奶油當中混拌酸性物質，通常會以較輕微發泡狀態混拌，可以比較不容易產生分離現象。

因果酸而導致分離的鮮奶油。

Q 卡布奇諾的牛奶怎麼打發的呢？

A 牛奶溫熱至60℃之後攪打，就可以打成發泡狀態了。

牛奶與鮮奶油不同，一般攪打是無法打出氣泡。鮮奶油是利用脂肪球間的相互撞擊而打發，但牛奶當中的脂肪成份較少，所以無法用相同的方法打出氣泡。

那麼卡布奇諾的奶泡(milk foam)是如何作出來的呢？

是將牛奶加熱至60℃後攪打而來。牛奶加熱至60℃，脂肪球會集中上升，脂肪球變大也變得更容易浮起，像鮮奶油般的脂肪成份變多浮在上層，就能以鮮奶油同樣的原理打發。另外，乳清蛋白會遇熱凝固(蛋白質的熱變性)，這也有助於安定氣泡的形成。

下層中殘留著沒有發泡的牛奶，乳脂肪成份越高的牛奶越容易打出氣泡。

溫熱牛奶打發的狀態

＊以牛奶專用電動攪拌器攪打，就能攪打出細緻的氣泡。

牛奶溫度不同發泡狀況也因而不同

左：冰牛奶的發泡狀態、
右：60℃牛奶的發泡狀
態。冰牛奶無法打發。

認識糕點製作的素材

奶油

Beurre

　磅蛋糕或是馬德蕾等烘烤糕點，在烤箱中烘烤，總會聞到滿屋子的香氣。

　這種濃醇芳香正是奶油風味的精髓。製作使用大量奶油製成的糕點，選擇美味的奶油極為重要。在法國與日本不同的是，發酵奶油是使用上的主流，據說這種奶油可以更增添美味及香醇。

　除了風味及香氣之外，奶油具有製作出糕點口感及質感的作用。奶油會因溫度而產生硬度的變化，而能夠發揮奶油的可塑性、酥脆性及乳霜性等，對糕點的完成有著相當大的影響。

　在這個章節中，主要的是解說奶油對於糕點口感之影響，以及介紹使奶油能更有效地發揮其特性的保存方法。

奶油的種類　Q&A

 奶油當中有添加食鹽的含鹽奶油和無鹽(不添加食鹽)奶油，
製作糕點時哪一種比較適合呢？

 通常會使用無鹽(不添加食鹽)的奶油。

在日本加入食鹽的含鹽奶油是主流。爲了提高保存性，以及直接塗抹在麵包上食用時較爲美味，會添加約1.5%的食鹽。

但在製作糕點上，若是使用含鹽奶油，會使糕點有鹹味，一般都是使用無鹽 (不添加食鹽) 奶油。

但特別在某些狀況下，也有因爲糕點的需求而使用含鹽奶油的情況(→24頁)。

 爲什麼以發酵奶油烘烤糕點，會更具風味呢？

 因為原料奶油是以乳酸菌發酵製成，
因此比無發酵奶油多了香氣。

與奶油香氣有關的成份，據說有數百種之多，發酵奶油加熱時撲鼻而來的香氣，是其他奶油製品所沒有的香醇，也是糕點之所以美味的原因。

發酵奶油是利用乳酸菌發酵牛奶油脂製成的奶油，所以有著一般奶油所沒有的香味。

生乳中所含的糖質成份，藉由發酵而形成乳酸產生輕爽的酸味、由蛋白質分解出來氨基酸的美味、由糖質及檸檬酸轉化成發酵奶油的獨特香氣...等等，因乳酸發酵而改變許多物質，進而增加了風味。

想要使用奶油的烘焙糕點能有更凸出的美味，可以藉著使用發酵奶油增添風味，也能做出更具個性化的糕點。

Q 據說可以從鮮奶油製作出奶油，是真的嗎？

 A 鮮奶油的乳脂肪集結成塊狀，分離出水份，
留下脂肪成份的塊狀就是奶油。

鮮奶油是藉由脂肪球的相互連結而成打發狀態，如果超越最佳狀態仍持續打發，會使得脂肪球結合成塊狀，而導致水份分離。此時結集了乳脂肪的塊狀，就是奶油。

工業上的製作方法，是將牛奶上的奶油層殺菌、冷卻、熟成之後，攪拌(churning)，使其形成奶油粒子，再以水洗、揉搓(Working)等流程加工而成。

參考 …277～278頁

由鮮奶油製成奶油

1 打發鮮奶油。

2 開始分離。

3 離水後成為奶油。

 Q 奶油當中不止含有脂肪，同時還含有水份嗎？

 A 成份規格中，規定乳脂肪是80%以上，水份是17%以下，
所以是含有水份的。

奶油是融合了鮮奶油中的脂肪球，取出奶油粒子後揉搓而成。此時水份並不是完全分離地形成乳脂肪的塊狀，奶油中還是仍存有水份，所以成份規格中才會規定水份為17%以下。水份含於乳脂肪中，形成油中水滴型的乳化結構，而使其能均勻混合於其中。

奶油中含有水份的狀況，只要將奶油放入鍋中加熱就可以瞭解。奶油融化，會產生氣泡而且會有霹啪聲響，就是奶油中水份蒸發的證據。

考量糕點配方，事先能瞭解奶油中含有16%的水份，是很重要的。

STEP UP 何謂低水份奶油？

　一般奶油水份約有16%左右，在糕點製作上，有將水份控制在14%的低水份奶油。低水份奶油的延展性較好，運用於折疊派皮麵團可以更方便操作。

奶油的加熱　Q&A

 Q 製作費南雪(financier)，會使用焦化奶油，
為什麼要焦化奶油呢？另外，要如何焦化奶油呢？

 A 奶油中所含的蛋白質和糖質，在加熱後就會變成金黃色，
同時也會產生更多香氣，費南雪的香味就是由此而來。

　焦化奶油，依其顏色也被稱為beurre noisette(榛果色奶油)。用於想凸顯加熱奶油產生的焦香風味時。利用焦化奶油最具代表性的就是費南雪。

　榛果色奶油，是在鍋中放入奶油邊混拌邊加熱至變成金黃色的焦狀；可以直接使用，但如果很意介會有細小的焦黑點的話，也可以過濾後使用。

　加熱奶油後產生這樣的焦狀，是因為奶油中含有的蛋白質、氨基酸及還原糖，產生了胺基羰基反應(梅納反應)，形成了金黃色的類黑色素所造成。同時也散發出焦香風味。

　這是奶油的顏色和香味都有很大的轉變所引起的反應，但這其中引發作用的蛋白質，只佔奶油全體的0.6%、糖質也只含約0.2%。即使如此少量也會產生這樣的反應。

　烘烤糕點或麵包，烘烤的色澤及香氣，也都是由這個反應而來。

 參考 …266頁

榛果色奶油的製作方法

1　加熱奶油。

2　加熱至變成焦色。

3　可以過濾後使用。

 澄清奶油使用於何時？

 適合不需要烘烤色澤時。

　　澄清奶油(beurre clarifié)是指融化後的奶油，直接放置至乳漿(水份、蛋白質、糖質等)沈澱，且除去液面上浮渣後，只取出黃色油脂的部份。

　　因去除了加熱後產生焦化原因的蛋白質及糖質，所以是使用在想要有奶油的香氣但不想要烘烤色澤時。

　　話雖如此，乳漿中除了水份外的微量成份，也是奶油美味香氣的部份原因，所以請留意這個部份的影響再使用。

融化奶油

── 澄清奶油(油脂)

── 乳漿(水份、蛋白質、糖質等)

 曾經融化過的奶油，放入冰箱冷卻後再次凝固，
為什麼會變得粗糙而失去原有的滑順感呢？

 因為奶油的結晶構造改變了。

　　冰箱內的奶油放置到溫熱處，會產生融化的原因是奶油中固態脂肪和液態脂肪的平衡所造成。

在低溫中，固態脂肪佔了大部份，當溫度上升時液態脂肪就增加了。

幾乎是固態脂肪，β'型分子緊密填充的安定結晶型，但一度融化後，液態脂肪變多，即使再放回冰箱使其凝固，也會變成是α型分子的填充狀態，成為不安定的結晶型，因為結晶型態改變無法再回復β'型，所以會變得粗糙且失去滑順感。

不僅是質感的改變，乳霜性、酥脆性以及可塑性也會隨之消失

 …107～108頁

奶油的乳霜性(creaming) Q&A

 製作奶油麵糊，為什麼要在奶油中加入砂糖並充分混拌呢？

 是為了將空氣攪打至奶油當中。

攪打乳霜狀的奶油，使其能飽含空氣的性質稱之為「乳霜性(creaming)」。奶油本來是黃色，但在飽含空氣時就會變成微微泛白的顏色。

製作奶油麵糊，最初在奶油中加入砂糖混拌，就是要利用這種性質使空氣進入奶油當中，以烤箱烘烤，才會因空氣的熱膨脹性質而使蛋糕膨脹起來。

奶油調整成乳霜狀的硬度，最能發揮這種特性，但必須注意不能過度柔軟。

 …107頁

奶油的乳霜性

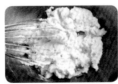

1　奶油放置成乳霜狀的硬度。奶油的顏色是黃色的。

2　加入砂糖以攪拌器充分攪拌。

3　飽含空氣後變成顏色泛白的奶油。

Q 製作塔麵團或餅乾，
為什麼在進行步驟時麵團變得柔軟是不可以的呢？

A 麵團變得柔軟，不僅操作困難，
還會失去成品酥脆的口感。

　　塔麵團和餅乾，在口中會有酥脆口感的特性。製作出酥脆口感的就是奶油當中稱為「酥脆性」的性質。

　　調整成乳霜狀硬度的奶油，會在麵團中成為薄膜般地分散狀態，使麩素不易形成，也可以防止澱粉的附著，製作出酥脆的口感。

　　想要使奶油能發揮這樣的特質，就必須是能在麵糰中形成薄膜狀分散狀態的硬度，因此必須將奶油從能夠以手按壓的硬度調整成乳霜狀的硬度。

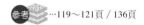
參考 …119～121頁／136頁

不同麵團適合的奶油硬度

稍軟 ↑

塔麵團(奶油法)

塔麵團(砂狀搓揉法)

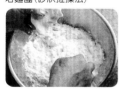

派麵團(快速折疊法)

↓ 稍硬

奶油的可塑性　Q&A

 Q 折疊派皮麵團中，為什麼必須用擀麵棍像擀壓黏土般地推壓奶油呢？

 A 因為奶油具有可塑性。

　　折疊派皮麵團中，外層麵團裡包裹著奶油，藉由擀壓折疊，製作出可達幾百層的層次。外層麵團與奶油幾乎必須同樣地擀壓，否則中間斷裂層次就無法形成。

　　奶油剛拿出冰箱，呈現用手按壓形狀也不會改變的堅硬狀態，但在常溫中稍加放置後，就會像黏土般用手指按壓形成指印的狀態，可以用手自由地改變形狀。這種性質就稱之為「可塑性」，僅在13～18℃的狀態下才能發揮的性質。用於折疊派皮麵團，將其調整成稍硬的程度，再擀壓成薄薄的板狀。

　　會依奶油的品牌和種類不同，可塑性的溫度也會略為不同，但製作折疊麵團，敲打冰箱取出的奶油，調整其硬度及形狀，在10℃左右調整奶油，13℃左右就可以進行折疊步驟，活用這個性質就可以將奶油擀壓開了。

　　奶油一旦融解後，就會失去可塑性，因此在擀壓派皮麵團，必須隨時保持這個溫度。

折疊派皮麵團的奶油

以擀麵棍敲打奶油塊，就可以調整成可塑性最佳的硬度

調整成滑順平整的形狀。

認識糕點製作的素材

膨脹劑‧凝固劑
香料‧著色劑

　　膨脹劑、凝固劑、香料及著色劑，雖然都只是少量的添加，但都是有助於提升糕點特性的材料。

　　膨脹劑有助於糕點烘烤時的膨脹。在瑪德蕾麵糊中添加的泡打粉，就是其中一例。

　　果凍、慕斯、巴巴露亞等可以凝固成形的原因就是明膠。凝固劑，主要用於法式糕點的明膠爲首，還有寒天、鹿角菜膠…等，凝固時的彈力及入口即化的特性也各不相同，因此可靈活運用不同特性來製作果凍。

　　而法式糕點中最主要的香料，發揮香甜魅力的就是香草(Vanilla)。香草的香氣與雞蛋、牛奶十分相配，因此在卡士達奶油、布丁或是冰淇淋當中都是不可或缺的香料。

　　另外，要使糕點能有華麗色彩，就是著色劑。鮮艷的色彩可以打造出如夢幻般的裝飾。

Poudre à lever
Gélifiant
Aromate
Colorant

膨脹劑　Q&A

 Q 小蘇打和泡打粉，兩者都是藉由加熱來膨脹麵糊，但有何不同呢？

 A 泡打粉(baking powder)是由小蘇打粉(baking soda)為基礎改良製成的。

　　加入小蘇打和泡打粉的麵糊，會因加熱而膨脹，碳酸氫鈉(Sodium Bicarbonate)的成份會溶於麵糊內的水份中，加熱時就會引起化學變化分解，而產生二氧化碳。

　　小蘇打是由碳酸氫鈉所形成，單這樣的成份只能達到不完全分解，產生的二氧化碳較少，若再加上分解時產生鹼性的碳酸鈉(Sodium Carbonate)，會讓成品稍有苦味。

　　此外鹼性的碳酸鈉也會讓成品略呈黃色。麵粉中的類黃酮(flavonoids)中性無色，轉為鹼性就會變成黃色。因此加入了巧克力或可可的麵糊，顏色就會變得更深，若想製作出白色的成品，就不適用了。

　　將小蘇打的這些缺點加以改良，就成為泡打粉。泡打粉添加了幾種稱為酸性劑的成份，可以使碳酸氫鈉完全被分解，促進二氧化碳的形成。

　　泡打粉雖然會因製品而略有差異，但是大致上是碳酸氫鈉和酸性劑約各佔30%，其餘的成份是玉米粉。

　　玉米粉可以避免使保存中的碳酸氫鈉和酸性劑相互接觸產生反應，作為防止兩者接觸的遮斷劑而加入。

小蘇打和泡打粉性質上的相異　　　　　　　　　　　　　　　　　　　　　　表47

	小蘇打	泡打粉
組成	碳酸氫鈉	碳酸氫鈉 + 酸性劑 + 遮斷劑
反應過程	$2NaHCO_3 \xrightarrow[水]{加熱} Na_2CO_3 + H_2O + CO_2$ （碳酸氫鈉）　　　　（碳酸鈉）　　（水）　（二氧化碳） 必須要有2個碳酸氫鈉，才能產生1個二氧化碳分子	$NaHCO_3 + HX \xrightarrow[水]{加熱} NaX + H_2O + CO_2$ （碳酸氫鈉）　（酸性劑）　　（中性鹽）　（水）　（二氧化碳） 只要有1個碳酸氫鈉，就能產生1個二氧化碳分子
反應特徵	產生碳酸鈉，成品會產生苦味，顏色也會略偏黃色	為避免產生鹼性的碳酸鈉，而添加了酸性劑，可以改良小蘇打的缺點(苦味、呈色)。

使用烘焙糕點專用的泡打粉，
可烤出更為膨脹的成品嗎？

 因為調配成高溫烘烤可產生大量氣體的泡打粉，
所以成品膨脹良好、著色漂亮。

一般使用的是萬用型的泡打粉，但除此之外，還有依用途分成烘烤糕點、蒸烤糕點用的泡打粉。這些是以幾度左右可以使麵糊膨脹的條件下區分製成。

設定成烘烤糕點用，是調整至高溫的溫度帶下，二氧化碳產生量最大，也被稱為遲效型。

一般販售的萬用持續型，最大的特徵是從低溫至高溫，可以長期持續產生二氧化碳，也廣泛地使用在各種糕點上。

這樣可以控制二氧化碳產生的溫度帶，是藉由可促進氣體產生的酸性劑，來改變設定。

酸性劑的成份有幾種，但各別在幾度之下可以與碳酸氫鈉作用，促進二氧化碳的發生，其實各不相同。不管哪一種泡打粉，都會在目標的溫度帶，使麵糊慢地膨脹起來，而幾種組合適用的酸性劑成份，會隨著麵糊溫度的升高而一一地產生作用，使得氣體可以持續地產生。

只是遲效型的泡打粉，雖說是專為烘烤糕點而製作販售，但也並不是所有的烘烤糕點都適合使用。像瑪德蕾這種短時間烘烤完成，最後一口氣膨脹產生裂紋的製法，就適合使用遲效型，但像磅蛋糕一樣長時間烘烤而成的蛋糕，還是比較適合持續型的泡打粉。

主要酸性劑的種類　　　　　　　　　　表48

酸性劑的成份	性質
酒石酸	
酒石英	速效型
反丁烯二酸	
磷酸一鈣	中間型
磷酸二氫鈉	
烤明礬	遲效型

資料提供：オリエンタル酵母工業株式会社

添加了泡打粉的麵糊，為什麼稍稍靜置之後，
表面會浮出氣泡呢？

 泡打粉在常溫下的反應而產生了氣體。

瑪德蕾等添加了泡打粉的麵糊，在鋼盆中於常溫下稍稍靜置後，表面就會浮出氣泡，這是使用一般持續型泡打粉常會發生的現象。

這種泡打粉，在常溫中也會因其中酸性劑的成份而產生氣體，製作完成的麵糊即使只是放置在常溫中，也會慢慢地產生氣體；使用遲效型泡打粉，就比較不會有這種現象。

 為什麼雖然添加了泡打粉，
但卻無法順利地膨脹呢？

 或許是因為泡打粉放太久了。
開封很久的泡打粉，可以放入熱水中確認效果再使用。

泡打粉放久了之後，膨脹的能力就會減弱。開封後長期保存，碳酸氫鈉和酸性劑的成份，在常溫中也會慢慢地產生反應，吸收濕氣凝固後，就更不具膨脹效力了。

試著在熱水中放入一小撮泡打粉，如果瞬間會嘶嘶地出現氣泡，就表示仍有效用。雖然是很簡單的確認方法，但可以確定在加熱時是否會產生二氧化碳。

泡打粉會因溫度及水份而產生反應，所以開封後應保存在陰涼處並避免高溫潮濕。

凝固慕斯、巴巴露亞，為什麼使用的是明膠呢？

 因為在口腔內溫度下明膠就會溶化，所以可以製作出較好的口感。

　　慕斯、巴巴露亞、棉花糖…等使用凝固劑的法式點心，傳統上都會使用明膠。

　　明膠可以製作出柔軟且具有彈性的口感，並且含在口裡就會溶化。

　　在日本，自古以來寒天也被當作是凝固劑使用，但以明膠製作出的糕點，入口即化的口感，是寒天所無法達到的。明膠在20～30℃的溫度下會開始溶化，所以口中溫度就可以完全溶化糕點了。

　　另一方面，寒天約在85℃以上才會溶化，所以可以使用於果凍或是更有嚼感的糕點裡。

 **明膠有分成板狀及粉末狀，
哪一種比較容易使用呢？**

 **各有其優點，容易使用的地方也各不相同，
對此加以理解再使用吧。**

　　雖然板狀明膠和粉狀明膠在處理方法上有所不同，但成份上並無不同。

　　明膠的製造據說是從板狀明膠開始，之後明膠也被利用在食品之外的醫藥或照片上，如果是粉末狀可以更符合需求地加以調配，因此才做出了粉狀明膠。

　　法國的糕餅店，一般使用的都是板狀明膠，日本也是板狀明膠比較普遍。

1　板狀明膠

　　板狀明膠每1片的重量固定(1片2～10g的程度，會因品牌及製品而決定其重量加以製造)，所以在計量上不需要花太多時間。泡水還原的時間會比粉狀明膠更短，是其優點。

　　還原板狀明膠，先浸泡於冰水中，變軟後再擰乾水份使用，但嚴格來說使用這個方法，明膠的吸水量無法固定，也是最大的缺點。也就是明膠必須還原到多柔軟狀態，水份的擰乾程度，都會改變明膠中的含水量，在糕點製作上凝固的程度也有可能會因此而不同。

要使明膠的吸水量相同，可以量測板狀明膠還原後的重量，決定數據並以此數據做爲依據，不足時則增補水份或是更加擰乾水份地加以調整即可。

2 　粉狀明膠

粉狀明膠是先測量用量，再加入明膠重量4～5倍的水來還原，也可以使用隔水加熱方式溶解明膠。因爲還原的水份用量經過量測，所以糕點的凝固狀態也會固定。

再加上可以節省浸泡還原這麻煩的步驟，只要加入配方的液體中(40℃以上)溶解就可以，因而研發出顆粒狀的明膠。不需要還原是最大的好處，但和在水中還原的片狀明膠相比，會稍難溶解。

結論是建議您依循著上述的優缺點，視步驟、環境及個人習慣，來選擇使用的明膠類型。

 還原板狀明膠，爲什麼非用冰水不可呢？

 如果是溫水，會使明膠溶化。

還原板狀明膠，會以冷水或冰水來還原。如果是溫水，在還原的同時，板狀明膠也會溶化。明膠在10℃以下的冷水中不會被溶解，同時也不會吸收多餘需要量的水份，所以可以使全體還原成相同的柔軟度。

冷水量必須要十分足夠。如果以太少的水量進行還原，板狀明膠之間會沾黏，而沾黏的部份就難以吸收水份，還原或溶解都會需要花很多時間。因此，在大量冷水中一片片地放入就可以完全充分地還原了。

另外，明膠具有獨特的氣味，使用大量的水，可以讓這個味道溶出於水中，減低氣味干擾成品的機會。

明膠完全依照配方份量使用，
但為什麼果凍無法凝固呢？

 以高溫加熱、加入酸味較強的水果汁或果泥，
就會變得難以凝固。

依照配方用量添加了明膠，冷卻後果凍卻不會凝固，原因可能是加入明膠之後以高溫加熱、或是加入酸味太強的水果果汁或果泥。

明膠在高溫中煮沸，會被分解而變得難以凝固。加入粉狀明膠隔水加熱時的溫度必須在50～60℃之間，加入明膠的基底液體溫度也必須在60～70℃左右，必須注意不能超過這個溫度。

除此之外，明膠不耐強酸，遇到pH4以下的酸度就會被分解，變得難以凝固。此時如果基底液體的溫度很高，凝固力會變得更差。因此，添加酸味強的水果果汁或果泥，必須先將明膠溶化在基底液體中，稍稍放涼後再加入。

 果凍中的砂糖減少，為什麼會造成離水狀態或是凝固得過於鬆散呢？

 果凍中的砂糖，因吸附水份並保持這個狀態，所以當砂糖用量減少，
果凍構造中的水份就會向外流出。

明膠等凝固劑會溶化在基底的液體中，這個膠狀液體凝固後，就是果凍。這些凝固劑凝固，會形成網狀結構，將水份鎖在網狀結構中，所以膠狀液體會失去流動性，而產生彈力。砂糖在水中溶解分散，在網狀結構中吸附水份，並保持這個狀態，使得水份會停留而不會流出網狀結構。所以當砂糖配方減少，膠狀液會有流動性，使得凝固狀態變得鬆弛。

另外，果凍經過一段保存時間後，會產生離水現象，明膠等凝固劑的網狀結構，會隨著時間而收縮，因此網狀結構中的空隙會變小而使得水份被擠壓出來，就是離水現象。

如果砂糖的配方用量較少，會難以將水份保持在網狀結構中，更促進離水現象的產生。而且寒天會比明膠更容易產生離水現象，所以製作減糖果凍，必須要多加注意。

反之，如果增加砂糖配方用量，果凍會變硬，因此也可以說比較不會產生離水現象。

 …254頁

製作果凍，必須使用多少明膠呢？

 通常是液體量的2.5%左右是標準用量。

　製作果凍，明膠的必要用量，會取決於想要完成的果凍硬度、砂糖的用量、水果有無酸味...等條件而有所不同，但若使用一般果凍模型製作，大約是液體量的2.5%是標準用量。若是模型高度較高，可能用量要略略增加。

　若果凍是連同容器一起端出食用，就不需要考慮到脫模時的保形性，那麼可以將明膠用量稍稍減少至入口即化的程度。

 何謂膠質強度？

 顯示明膠凝固方式強弱的指標。

　膠質強度，表示明膠凝固方式強弱的數值，單位是公克(g)，或是以bloom來標示。數值越大就是越硬的凝固。

　專業糕點使用的是150～350 bloom的程度，料理或糕點書本上所寫的明膠大約是200 bloom左右。

　使用高膠質強度的明膠，就必須減少明膠使用量，明膠特有的味道已經被抑止減弱，同時也能保持透明感是最大的優點。

＊膠質強度的測定方法：將6.67%的明膠溶液放入規定的容器內，在10℃的狀態下冷卻17小時，調製而成的果凍表面，以1/2吋口徑(12.7mm)的柱塞(plunger)測定，向下按壓4mm時的必要荷重(g)，這個數值就是膠質強度。測定單位為公克(g)，這個測定方法稱為Bloom法，所以用bloom做為單位。

Q 為什麼奇異果製作果凍會無法凝固呢？

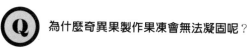 **A** 因為奇異果當中含有會分解明膠的酵素。

明膠，是以豬皮及骨頭做爲原料，製成蛋白質所形成的凝固劑。

果凍的Q彈口感，是因爲溶化了明膠的膠狀液態凝固，由明膠分子形成網狀結構，並將水份鎖在網狀結構中，使得溶液成爲無法流動的固態而產生。

曾經有人問使用明膠製作奇異果果凍，爲什麼果凍不會凝固呢？這個原因在於奇異果。

奇異果爲了抵禦外敵(蟲)來侵襲美味的果實，爲了守護自身果實而擁有可以溶化昆蟲身體的蛋白質分解酵素。

明膠的主要成份也是蛋白質，所以奇異果的蛋白質分解酵素會破壞明膠用以凝固果凍的網狀結構，因此果凍無法凝固。

另外不易凝固的程度，也和奇異果的切法有關。奇異果的細胞內擁有蛋白質分解酵素，所以奇異果越是像果泥般細切混入膠狀液體中，蛋白質分解酵素就越會寬廣地散布在膠狀液體內，而變得更加難以凝固。

這種分解酵素能力很強，在明膠凝固的果凍上，以奇異果薄片加以裝飾，只要是接觸到奇異果的部份都會溶解。

那麼要如何將奇異果加入膠狀液中呢？蛋白質分解酵素在75℃左右，會因受熱而失去作用能力。因此使用奇異果等含大量蛋白質分解酵素的水果(包括：鳳梨、芒果、木瓜、無花果…等)，經過熱處理再使用就可以製作了。

 Q 什麼是鹿角菜膠(Carrageenan)？

 A 類似明膠或寒天般的一種凝固劑，
凝固後具有高透明度是最大優點。

和明膠或寒天一樣是固體、白色粉末的凝固劑，糕點當中主要用於果凍上。和寒天一樣以海藻爲原料，但寒天使用的是石花菜科或龍鬚菜科的海藻，而鹿角菜膠則是杉藻科的海藻所製成。

明膠如果沒有冰鎮冷卻無法凝固，但寒天和鹿角菜膠在常溫之下就可以凝固，而且也不會溶解並可以保持形狀。

特別依鹿角菜膠種類的不同，會使膠狀液中含鉀、鈣…等礦物質，若是含有牛奶蛋白質(酪蛋白)，更是會急速凝固，是鹿角菜膠獨具的特性。溶於口中的口感或許沒有明膠那麼好，但是比寒天好一些。

鹿角菜膠製成的果凍透明，所以製成水果果凍，可以呈現出漂亮的色澤是最大的特徵。另外，它沒有像明膠或寒天般有著獨特的氣味，可以表現出果凍單純的風味。

即使標示為鹿角菜膠，但製品不同凝固方法也不同，為什麼呢？

鹿角菜膠中含有3種性質不同的成份，因組合而製成各種不同凝固方法的產品。

鹿角菜膠與明膠及寒天最大的不同，就是在於鹿角菜膠有各種不同凝固方式的產品。

為什麼呢，鹿角菜膠中有Kappa (κ)型、Iota (ι)型、Lamda (λ)型3種性質相異的成份，依調節搭配，組合比例製成不同商品，所以會因品牌不同而製作出不同特徵的鹿角菜膠商品。

一般做為果凍凝固劑，使用率較高的是可以凝固成較硬果凍狀的Kappa (κ)型。單只有Kappa (κ)型凝固方法有點不足，所以會併用長角豆膠(Ceratonia Siliqua Gum)、葡甘露聚糖(Glucomannan)…等膠類，可以製作出更具彈力的口感。

另外，之前也提及含有鉀、鈣…等礦物質而更容易凝固，所以在製作時可以調整這些礦物質來決定果凍的硬度；因牛奶蛋白質(酪蛋白)而凝固的特徵就是由這個類型而來。

Iota (ι)型，具有黏力和彈力，會凝固成像果醬般柔軟，但需要相當大的用量，所以不會單獨使用，而是採少量用於防止離水時使用。

Lamda (λ)型溶於水時會產生黏性，無法像Kappa (κ)型、Iota (ι)型一樣凝固，所以比較不適合製作果凍。但Lamda (λ)型具有高保水性，所以大都做為增黏劑地使用在冰淇淋上。

Q 製作果醬時添加果膠是為什麼呢？

 A 果膠是種含於水果中的成份，
可以使果醬產生黏稠感。

　　水果是由很多的細胞所構成，而使這些細胞間相互連結像黏著劑般的作用，就是果膠。

　　果醬有黏稠狀態，就是在熬煮時果膠溶出所產生。因此，水果與大量的砂糖、強酸一起加熱，溶出的果膠會產生黏稠而凝固。

　　因此，考量到凝固的程度及保存性，有必要添加大量砂糖，當水果的酸味不足，可以用檸檬汁或粉狀檸檬酸...等來補足(→255～257頁)。一般果醬的膠化，果膠1%以上，完成的糖度為55～65%，pH2.9～3.1左右的酸度是必要的。

　　果膠會因水果的種類不同，含量也不同，黑醋栗、柳橙含量較多，草莓的含量較少，因此凝固力不足，就會添加粉末狀的果膠來調整。

　　另外，當水果過熟，果膠也會被分解而難以凝固。

　　所以在製作果醬時，會依水果的種類、水果的成熟度、酸味及甜味..等，而改變配方上砂糖、檸檬汁或檸檬酸以及粉狀果膠的添加量；當想要控制甜度或酸味，可以利用粉末果膠或其他凝固劑或增黏劑，使果醬產生必要的硬度。

　　粉末果膠分為HM果膠(高甲氧基果膠)和LM果膠(低甲氧基果膠)，用途也各不相同。

　　HM果膠和水果果膠一樣，凝固時需要大量的砂糖及強酸，所以適合製作甜度酸味較強的果醬。

　　LM果膠，不需要大量砂糖和酸，是利用鈣、鎂等礦物質凝固。因此，適用於低糖度果醬或控制甜味及酸味的點心類。而且即使攪拌過，也能恢復原來黏稠的凝固狀態，因此也常使用在鏡面果膠上(→18頁)。

水果中果膠含量比較　　　　　　　　　　　　　　　　　　　　　　　表49

	果膠含有量(每100g)		果膠含有量(每100g)
黑醋栗	0.6～1.7g	覆盆子	0.3～0.9g
李子(黃)	0.9～1.6g	杏	0.4～0.8g
柳橙	0.7～1.5g	草莓	0.3～0.8g
蘋果	0.4～1.3g	櫻桃	0.1～0.7g
無花果	0.35～1.15g		

資料提供：ユニペクチン社

**香草莢分成波本品種及大溪地品種，
兩者有何不同呢？**

 各別的產地不同，香味也各有特色。

　　香草是蘭科植物的一種，長約15cm～30cm，像豌豆莢一樣的綠色果實。香草經由本身特有的酵素發酵(Curing)，並經過乾燥製成黑色細長形狀；芬芳的香氣，其實來自於發酵所產生的香蘭素(Vanillin)。

　　香草莢分成波本品種及大溪地品種兩種。

　　波本品種香草(Vanilla Planifolia)，產地以馬達加斯加島和留尼旺島最為著名，留尼旺島過去稱之為波本(Île Bourbon)島，故以此命名。

　　香草的生產量幾乎都是波本品種，所以我們對於香草的印象及香氣應該都是來自於波本品種。柔和沈穩的甘甜香氣，是最大的特徵，這個香氣主要就是來自香蘭素。

　　大溪地品種香草(Vanilla Tahitensis)以大溪地島為產地，只佔全體香草生產量的幾個百分比而已。個性化且華麗的甘甜香氣，讓人印象深刻。大溪地香草中除了蘭香素之外，還含有茴香的風味，其中還有稱為胡椒醛(Heliotropin)的香味成份，具有獨特的特徵。外觀上，比波本品種香草更大，也更具有光澤，兩者很容易區別。

 **香草精與香草油，
在使用上應如何區分呢？**

 **香草精加熱後香氣會消失，可加入不需加熱的糕點中；
而香草油則可用於烘烤糕點內。**

　　利用抽取出香草豆莢的香氣，製成香草精和香草油；蘭香素也可以利用化學合成，這種合成香料會比天然香料更便宜。

　　雖然相較於高價的香草莢，一般大都使用香草精或香草油，但香氣絕對比不上香草莢來得好。

香草精加熱後，香氣會揮發掉，因此可以用於增添在冰淇淋或鮮奶油類糕點中。如果有加熱的步驟，也可以稍稍放涼後再加入。

另一方面，香草油因容易滲入油脂之中，即使在烤箱內烘烤香味也不易揮發，適用於奶油等油脂的烘烤糕點，烘烤後還能保有香氣。

香草莢如何使用最適宜呢？

縱向切開香草莢，取出種籽使用是最普遍的用法。

活用香草莢的甘甜香氣，一般會將豆莢縱向切開，以刀子刮下當中的種籽來使用。雖然也有只使用香氣強烈種籽的方式，但豆莢都充滿著香氣，也可以使用。

製作卡士達奶油，放入牛乳等液體中，邊加熱邊使香味轉移至材料中，就可以連同豆莢一起放入以增添香氣，中途再取出豆莢即可。

不放入種籽而想增添香氣，可以將未剝開的香草莢放入液狀材料中，增添溫和的香味；或是取出種籽後殘留的豆莢，可以和砂糖一起放入容器內，香草的淡淡香氣會移至砂糖中，變成香草糖。

除此之外，也可以將用剩的香草莢乾燥後，用食物調理機或研磨機等將豆莢打碎，用茶網篩至砂糖中混拌，就可以做出風味稍強的香草糖。這樣的作法也適用於一同與液體熬煮過的豆莢，只要洗淨乾燥後，就可以同樣地再次利用。砂糖則可以用於卡士達奶油或英式奶油醬汁…等奶油餡、餅乾或塔麵團。

著色劑分為天然及合成,有何差異?

 天然的是由動植物中取得色素原料,合成的則是由石油製品或化學製成。

　　要長時間維持食品本來的顏色非常困難,因此在加工階段可以著色劑來調整色調,是著色劑使用的目的。依食品不同,有些著色不被允許,所以在使用時必須多加注意。

　　使用著色劑必須是食品添加物的食用色素。進口的色素,雖然在國外是合法食品可用的著色劑,但在日本卻不一定被允許;像是僅限用於工藝糕點(糖工藝、糖花...等不食用的糕點),手工藝使用的著色劑,不能添加在食品中。

　　著色劑大致上可區分為天然色素與合成色素,製成粉狀、膏狀或液狀的製品。

　　天然色素,紅色是紅高麗或紫蘇、黃色是紅花或梔子花...等天然動植物中所萃取的色素,種類很多。有用水萃取,也有用乙醇或丙烯乙二醇、丙酮等化學物質萃取而來。

　　合成色素也稱為焦油色素。當初是以焦油為原料,因而得名;現在則是以石油製品為原料化學製成。以紅色○號、黃色○號來表示,現在被認可使用的共有12種。

　　糕點製作上,不管是天然色素或是合成色素,常使用的還是紅、黃、綠、藍...等顏色。就像畫畫一樣也可以藉由兩種顏色混合調配出自己喜歡的顏色。

 粉末狀的色素,只要直接加入即可呈色嗎?

 **粉末狀色素可以用水或酒精溶化後使用。
依著色物質來調節溶化程度。**

　　食用色素,可以溶化在液體中混拌到想要著色的食材上。粉末狀,主要是溶水使用。也有溶於酒精中使用,但是因色素不同有時會有變色的情況,所以請先以少量測試後再使用。

　　視混入不同的材料來調整溶化的程度。

　　添加在杏仁膏內,必須注意不能過軟,所以用極少量的水溶成膏狀後加入。在糖霜上著色,也必須注意不能太過柔軟。

　　添加在蛋白霜或液體當中,溶化成可以迅速溶其中的硬度就能使用了。

白巧克力上的各種色彩，
是如何著色的呢？

 有巧克力專用的油性色素。

在白色巧克力上著色，有專用的油性色素。

粉末狀的色素可以加入可可奶油中以隔水加熱溶化使用。也有販售事先溶化在可可奶油中的固體型，只要隔水加熱溶化即可使用。此外還有將色素加入油性溶劑揉和成膏狀的類型，直接加入融化巧克力中就可以著色了。

索引

● TA行

引用文獻

◎ 圖表12(199頁)...長尾精一(編)：小麥的科學、朝倉書店、1995、88頁

◎ 圖表13(218頁)...佐藤泰(編著)：食用雞蛋的科學及利用、地球社、1980、180頁

◎ 圖表15(245頁)...長尾精一(編)：小麥的科學、朝倉書店、1995、88頁

◎ 圖表16(246頁)...山崎清子、島田キミエ(共同著作)：調理與理論(第二版)、同文書院、1983、117頁

◎ 顯微鏡照片(239頁)...長尾精一：調理科學22、1989、129頁

◎ 顯微鏡照片(243頁)...長尾精一：調理科學22、1989、261頁

◎ 表34(231頁)... 山崎清子、島田キミエ (共同著作)：調理與理論(第二版)、同文書院、1983、292頁

◎ 表40(248頁)...高田明和、橋本仁、伊藤汎(監修)、社團法人糖業協會、精糖工業會：砂糖百科、2003、132‧135‧136頁(部份摘錄)

◎ 表41(261頁)...山崎清子、島田キミエ (共同著作)：調理與理論(第二版)、同文書院、1983、107頁

◎ 表42(261頁)...竹林やゑ子(著)：西式糕點材料的調理科學、柴田書店、1979年、38頁(部份摘錄)

◎ 表46顯微鏡照片(277頁)...野田正幸、椎木靖彦：J.Texture Studies 17、1986、189頁

＊圖表及表格號碼、照片(本書收錄頁)...編者著者：引用文獻、發行處、發行年、引用之頁面順序。

參考文獻

◎ 河田昌子(著)...糕點「要訣」的科學、柴田書店、1987

◎ 島田淳子、村下道子(編)...植物性食品Ⅰ、朝倉書店、1994

◎ 中村良(編)...雞蛋的科學、朝倉書店、1998

◎ 山崎清子、島田キミエ(共同著作)...調理與理論(第二版)、同文書院、1983

◎ 蜂屋巖(著)...巧克力的科學、講談社、1992

◎ 伊藤肇躬(著)...乳製品製造學、光琳、2004

◎ 社團法人糕點綜合技術中心(編)...西式糕點製造的基礎與實際、光琳、1991

＊編著者...參考文獻、發行處、發行年順序。

資料提供、協助 (無順序排列)

◎ キユーピー株式會社研究所
◎ 日本ミルクコミュニティ株式會社
◎ オリエンタル酵母工業株式會社
◎ 大東カカオ株式會社
◎ ヴァローナジャポン株式會社

中山弘典(Nakayama Hironori)...照片中央者

生於1953年。辻調理師專門學校畢業。之後任職
於該校糕點麵包製作研究室。曾服務於東京銀座餐
廳「Belle France」,並在辻製菓專門學校、辻調
グループフランス校負責指導學生,並在法國的
「Bernachon」和德國的「Café KOCHS」等地研
習。目前服務於辻糕點製作技術研究所,擔任辻調
グループ校糕點製作的主任教授。著有『由基礎學
習法國糕點』(柴田書店)。重視調理科學的同時,也
傳遞對於糕點製作的用心,並以此做為教學重點。

木村万紀子(Kimura Makiko)

於1997年畢業於奈良女子大學家政學部食物學系,
並結業於辻調理師專門學校。曾服務於辻調グルー
プ校、辻靜雄料理教育研究所,之後自立門戶。現
在擔任該校講師的同時,也在調理科學領域執筆著
作。共同著有『西洋料理的要領』(學研)。藉由過去
培養出的經驗,更能深入理解糕點製作及調理現場
的技術,利用調理科學與實務運用,以作為兩者融
合的橋樑而努力。

◎辻製菓專門學校、糕點製作群
...團體照片由左至右(中間為中山先生)

當麻 功(Touma Isao)
今村典子(Imamura Michiko)
湯川浩延(Yukawa Hironobu)
荒木章夫(Araki Akio)
瀨戶山知惠美(Setoyama Chiemi)
厚東宣洋(Kou Nobuhiro)

Easy Cook

用科學方式瞭解糕點的「為什麼？」
基本麵團、材料的231個Q&A

監修　辻製菓專門學校
作者　中山弘典(◎辻料理教育研究所)
　　　木村万紀子◎
出版者／大境文化事業有限公司　T.K. Publishing Co.
發行人　趙天德
總編輯　車東蔚
文案編輯　編輯部　美術編輯　R.C. Work Shop
翻譯　胡家齊
台北市雨聲街77號1樓
TEL：(02)2838-7996　　FAX：(02)2836-0028
法律顧問　劉陽明律師　名陽法律事務所
初版日期　2010年8月
定價　新台幣460元
ISBN-13：978-957-0410-82-2　書　號　E77

　讀者專線　(02)2836-0069
　www.ecook.com.tw
　E-mail　service@ecook.com.tw
　劃撥帳號　19260956 大境文化事業有限公司

KAGAKU DE WAKARU OKASHI NO NAZE？
© HIRONORI NAKAYAMA & MAKIKO KIMURA 2009
Originally published in Japan in 2009 by SHIBATA SHOTEN CO.,LTD.
Chinese translation right arranged through TOHAN CORPORATION, TOKYO.

用科學方式瞭解糕點的「為什麼？」：基本麵團、材料的231個Q&A
中山弘典／木村万紀子 著 初版. 臺北市：大境文化，2010[民99]
320面；15x21公分. ----(Easy Cook系列：77)
ISBN-13：9789570410822
1.烹飪　2.點心食譜　3.問題集
427.8022　　　　　　　99009128

用科學方式瞭解糕點的「為什麼？」：基本麵團、材料的231個Q&A

請您填妥以下回函，免貼郵票投郵寄回，除了讓我們更了解您的需求外，
更可獲得大境文化＆出版菊文化一年一度會員獨享購書優惠！

1. 姓名：＿＿＿＿＿＿＿＿＿＿＿＿
   姓別：□男　□女　　年齡：＿＿＿＿　教育程度：＿＿＿＿＿＿　職業：＿＿＿＿＿＿＿＿
   連絡地址：□□□＿＿＿＿＿＿＿＿＿＿＿＿＿＿＿＿＿＿＿＿＿＿＿＿＿＿
   傳真：＿＿＿＿＿＿＿＿＿＿＿＿　電子信箱：＿＿＿＿＿＿＿＿＿＿＿＿＿＿＿＿＿＿＿

2. 您從何處購買此書？＿＿＿＿＿＿＿縣市＿＿＿＿＿＿＿＿＿＿＿書店/量販店
   □書展　□郵購　□網路　□其他＿＿＿＿＿＿＿＿＿＿＿＿＿＿＿＿

3. 您從何處得知本書的出版？
   □書店　□報紙　□雜誌　□書訊　□廣播　□電視　□網路
   □親朋好友　□其他＿＿＿＿＿＿＿＿＿＿＿＿＿＿＿＿＿＿＿＿＿＿＿＿

4. 您購買本書的原因？（可複選）
   □對主題有興趣　□生活上的需要　□工作上的需要　□出版社　□作者
   □價格合理（如果不合理，您覺得合理價錢應 $＿＿＿＿＿＿＿＿＿＿）
   □除了食譜以外，還有許多豐富有用的資訊
   □版面編排　□拍照風格　□其他＿＿＿＿＿＿＿＿＿＿＿＿＿＿＿＿

5. 您經常購買哪類主題的食譜書？（可複選）
   □中菜 □中式點心 □西點 □歐美料理（請舉例＿＿＿＿＿＿＿＿＿＿）
   □日本料理　□亞洲料理（請舉例＿＿＿＿＿＿＿＿＿＿＿＿＿＿）
   □飲料冰品　□醫療飲食（請舉例＿＿＿＿＿＿＿＿＿＿＿＿＿＿）
   □飲食文化　□烹飪問答集　□其他＿＿＿＿＿＿＿＿＿＿＿＿＿＿＿＿＿

6. 什麼是您決定是否購買食譜書的主要原因？（可複選）
   □主題　□價格　□作者　□設計編排　□其他＿＿＿＿＿＿＿＿＿＿＿＿＿＿＿＿＿＿

7. 您最喜歡的食譜作者／老師？為什麼？
   ＿＿＿＿＿＿＿＿＿＿＿＿＿＿＿＿＿＿＿＿＿＿＿＿＿＿＿＿＿＿＿＿＿＿＿＿＿＿＿

8. 您曾購買的食譜書有哪些？
   ＿＿＿＿＿＿＿＿＿＿＿＿＿＿＿＿＿＿＿＿＿＿＿＿＿＿＿＿＿＿＿＿＿＿＿＿＿＿＿

9. 您希望我們未來出版何種主題的食譜書？
   ＿＿＿＿＿＿＿＿＿＿＿＿＿＿＿＿＿＿＿＿＿＿＿＿＿＿＿＿＿＿＿＿＿＿＿＿＿＿＿

10. 您認為本書尚須改進之處？以及您對我們的建議？
   ＿＿＿＿＿＿＿＿＿＿＿＿＿＿＿＿＿＿＿＿＿＿＿＿＿＿＿＿＿＿＿＿＿＿＿＿＿＿＿
   ＿＿＿＿＿＿＿＿＿＿＿＿＿＿＿＿＿＿＿＿＿＿＿＿＿＿＿＿＿＿＿＿＿＿＿＿＿＿＿
   ＿＿＿＿＿＿＿＿＿＿＿＿＿＿＿＿＿＿＿＿＿＿＿＿＿＿＿＿＿＿＿＿＿＿＿＿＿＿＿
   ＿＿＿＿＿＿＿＿＿＿＿＿＿＿＿＿＿＿＿＿＿＿＿＿＿＿＿＿＿＿＿＿＿＿＿＿＿＿＿

大境／出版菊文化

台北郵政 73-196 號信箱

大境（出版菊）文化　收

姓名：

地址：

電話：

用科學方式瞭解
糕點的「為什麼？」
基本麵團、材料的**231**個**Q&A**

note

巧克力聖經　　　糕點聖經　　　廚房經典技巧　　　大廚聖經

葡萄酒精華　　　法國藍帶　　　　法國料理
　　　　　　　　基礎中的基礎　　　基礎中的基礎

法國糕點基礎篇 I　　法國糕點基礎篇 II　　法國麵包基礎篇

法國料理基礎篇 I　　法國料理基礎篇 II　　法國藍帶巧克力　　法國藍帶糕點應用